小川　束

和　　算

江戸の数学文化

中公選書

はじめに

今日私たちが学校で学ぶ算数や数学は、一五〇年ほど前の明治時代に西洋からもたらされたものである。それでは、それ以前には数学はなかったのであろうか。確かに江戸時代の人々は私たちが普通に使っているアラビア数字もアルファベットも数学記号も知らなかった。しかし江戸時代にも数学は存在したのである。それどころか、日本人は西洋とは独立に独自の数学を高度に発展させていた。本書が扱うのはその江戸時代の数学についてである。

数学は世界共通の言語であるといわれる。それどころか、宇宙のどこかに知的生命体が存在すれば、少なくとも数学だけは通じるであろうと考える人もいる。そのように数学が普遍性を持っていると考えると、わずか一五〇年ほど前まで西洋数学とは別の起源の数学が日本に存在したという事実は驚くべきことに思えるかもしれない。しかし、よくよく調べてみると、江戸時代の数学は私たちが学ぶ数学とは書き方こそ全く異なっているものの、その考え方には共通する点が多くある。その一方で、どのような問題を解くべきかという問題意識においては、現代の私たちとは異なる点が多いのも事実である。この「共通する点」というのは数学の本質であり、「異なる点」というのは社会的背景やその時代の思想の違いによるものである。こう考えると、友好的な宇宙人と数学で会話するのは不可能ではないかもしれないが、決して容易ではないことがわかる。

それでは、西洋の数学と江戸時代の数学とはどのように異なるのであろうか。これは難問で、一言でそれに答えることのできる者はいないだろう。しかし、まず江戸時代の数学がおおよそ応用ということに重きを置かなかったという点では意見が一致するに違いない。もちろん、西洋においても応用を意識しない純粋な数学は発展した。しかし応用ということは西洋数学思想の根底において常に重要な動機であった。それに対して日本では、江戸時代の二五〇年以上を通じて、応用するための数学というものはほとんど発展しなかったのである。

現在、数学が苦手、嫌いだという人は多い。もちろん江戸時代にも数学が苦手な人、嫌いな人はいたに違いない。それは現代の日本と同じである。しかしその一方で、江戸時代には数学が好きで、数学を楽しんだ（専門家でない）人も大勢いた。これは現代の日本とは非常に異なる社会現象である。多くの数学書が刊行され、その割合は現代よりもはるかに多かった。武士や商人、農民に至るまで、多くの地域で大勢が数学を趣味として楽しんだのである。実をいえば、世界の数学の歴史を見てもこのような現象は皆無といってよい。そしてそのような人々の中から、現代でいえば数学者といってもよい者が現れた。彼らは現代とは異なった表記で数学を高度に発展させた。本書で紹介するのはこのような稀有ともいうべき江戸時代の数学文化である。

数学の歴史には大きく分けて二つの側面がある。第一は数学上の着想の歴史であり、第二はもっと広く数学文化の歴史である。たとえば初期の円周率の計算の歴史は、素朴な内接多角形の周長を計算した村松茂清《しげきよ》から、加速計算を実行した関孝和を経て、加速計算を繰り返し用いた建部《たけべ》賢弘《かたひろ》に至るという数学上の着想の歴史である。それに対して『塵劫記《じんごうき》』の意義を考えるとか数学の流派に関する考察といったようなものは数学的な観点ばかりでなく、さらに広く日本の数学文化が持つ特性をも考察するものである。本書では数学的分析にはあまり触れずに、数学文化という観点から江戸時代の数学を考えてみたい。

二五〇年を超える江戸時代の数学を概観するには通史を簡潔に述べた方がよいのかもしれない。しかし、多数の数学者、膨大な書物、資料を羅列するだけでは無味乾燥なものとなり、結局生きとした江戸時代の数学文化を読者に伝えることは不可能であろう。そこで本書では、章、節ごとに焦点を定めて記述することにした。なお、各章を比較的独立して読めるようにしたため、一部内容が重複し、また前後した部分もあるが、ご寛恕願いたい。

数学が得意な読者にも苦手な読者にも、本書が「数学とは何なのか」を考える契機となれば望外の喜びである。

本書は多くの研究者の業績に基づいている。著者にまずお礼申し上げる。

目次

※引用に際しては、新字新かなに改め、適宜現代語訳を行った。［　］は筆者による補足である。

和算——江戸の数学文化

第一章　『塵劫記』の世界——近世日本の数学の始まり

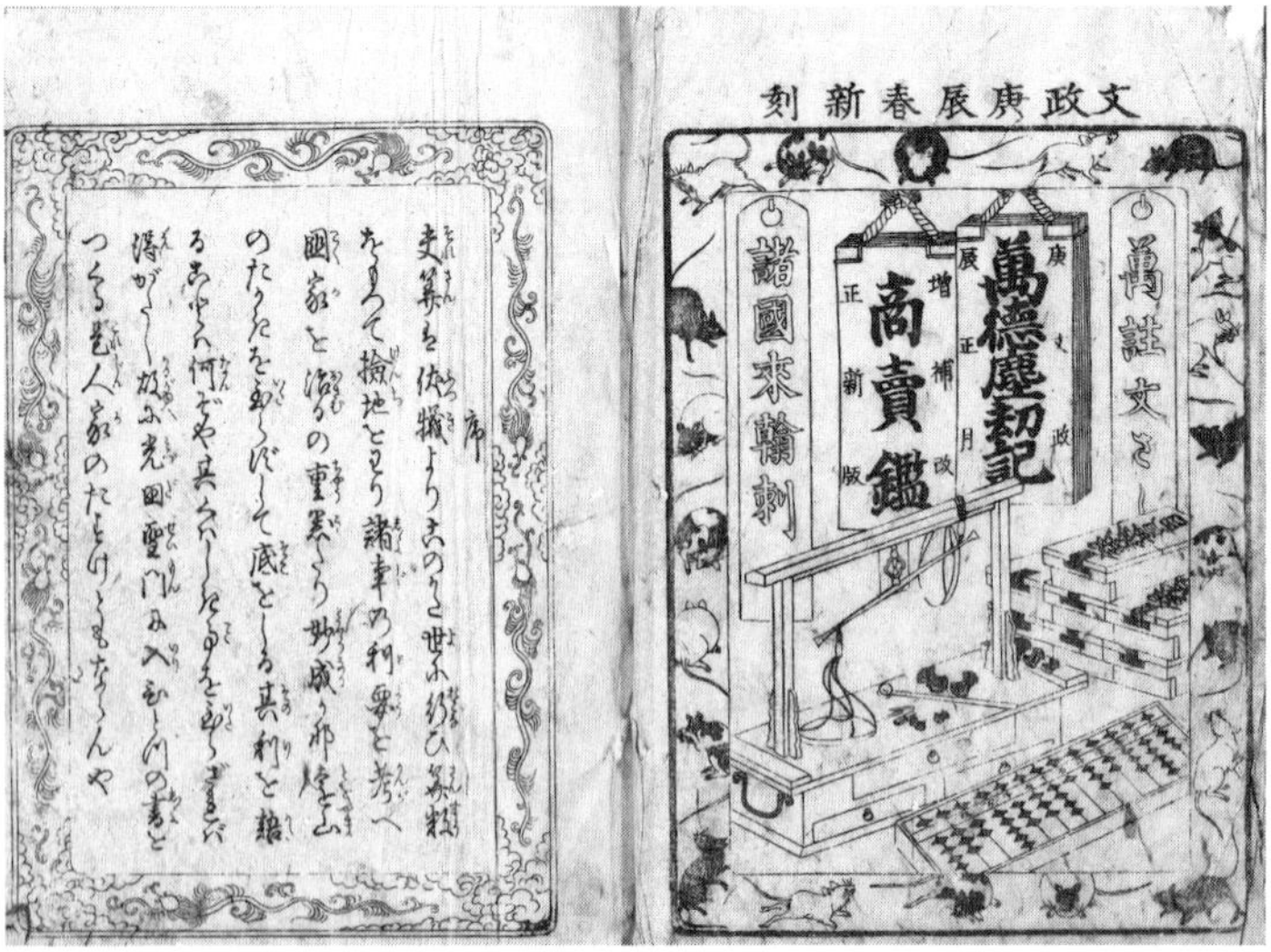

『文政新版　万徳塵劫記商売鑑』(1820〔文政３〕年）表見返しと１丁表の序部分　吉田光由が著した『塵劫記』は江戸時代を通じて繰り返し類版が刊行された。本書はそのひとつで、京都河南喜兵衛によって刊行されたものである。本書によって数学に熟達すれば「商売繁盛まちがいなし」を予感させる挿絵である。序は「それ算は伏犠よりこのかた世に行ひ」と始まる。これは江戸時代の数学書では決まり文句のような書き出しである。

江戸時代の人々にとってもっとも身近な算学（数学）の教科書といえば、紛れもなく『塵劫《じんごう》記《き》』であった。[*1] 書名の命名者である僧玄光による序に、書名は「塵劫来事、糸毫も隔てずの句に本づく」とある。「塵劫来事、糸毫も隔てず」とは難しい言葉であるが、「永劫かわらぬ真理」というほどの意であろうか。仏教ではきわめて長い時間を「五百塵点劫」という。塵にはきわめて小さい数、劫にはきわめて大きい数という意味もあるから、『塵劫記』は小さな数から大きな数まで数の世界すべてに関する本という意味も併せ持っているのかもしれない。『妙法蓮華経』には「一塵一劫」という言葉がたびたび出てくる。

一六二七年の序を持つ『塵劫記』の刊行によって、近世日本の数学文化は一挙に花開いた。多くの日本人が実学としての数学の素養を持ち、そのなかから多数の数学を趣味とする者や、数学者と呼ぶにふさわしい者が現れたのである。この意味で、『塵劫記』は近世日本の数学文化の幕開けを告げる、まさにエポックメーキングな書物であった。そればかりか、『塵劫記』は一六二七年序版（一六二七年に書かれた序文を持つ版）の刊行以来、明治に至るまで二〇〇種を超える類版が刊行され、もはや固有の書物というよりは初等数学の代名詞となった。江戸時代の一般の人々にとって「算学」といえば『塵劫記』、『塵劫記』といえば「算学」のことであった。

本章では、この大ベストセラー『塵劫記』が登場するまでの歴史を見てみよう。

第一節　一七世紀初頭の日本の数学

『塵劫記』以前の数学書

一六〇三年に徳川家康が征夷大将軍に任ぜられて幕府を開いて以来、一八六八年に至るまで二五〇年を超える江戸時代は、政治においても経済においても、また思想や芸術においても、その前後とは時代を画していた。江戸時代には私たちが科学の典型と考える物理学や化学は格段の発展を示さなかったものの、不思議なことに数学だけは著しく発展し、それは江戸時代の文化の一翼を担うといっても過言ではないほどである。その一つの契機となり、江戸時代の数学文化を支えたのが、吉田光由《よしだみつよし》（一五八九〜一六七三）の著した『塵劫記』であった。

『塵劫記』以前の数学書は、実はほとんど知られていない。現存する最古の数学書と目されている『算用記《さんようき》』、一六二二年の毛利重能《しげよし》の『割算書《わりざんしょ》』、それに百川治兵衛《ももかわじへえ》の『諸勘分物《しょかんぶもの》』くらいである。『塵劫記』以前にはもともと数学書が少なかったのか、あるいは『塵劫記』の出現によって旧来の書物が淘汰されてしまったのかは、はっきりしない。

これらはいずれもそろばんを用いた数学書で、九九などに続いて、すべて具体的な問題が取り上げられている。たとえば、桶や壷などの近似体積、大判を鋳造したときの金の含有率、両替、割引計算、利息計算、米や絹の価格、工賃、検地、堀普請の割り当て、測量などである。これらの問題は当時の人々がどのような計算を必要としていたかを示すものとして興味深い。

たとえば、当時江戸では金を基準とした通貨が使われていたが、上方では銀を基準とした通貨が使われていた。江戸と京都、大坂にまたがる商売をするには金と銀の交換レートに関する計算に精通していることが必要だった。『割算書』に金銀両替の問題があるのは、そういう計算を必要とする人がいたということである。改めてそう考えると、米絹の売買、利息の計算、枡や桶の容積の計算などは、まさに当時の人々の日常生活の一端が窺えるものといえよう。江戸時代の数学書にある問題を見ると、我々と同じく日々を暮らす人々の姿が彷彿としてくる。

ここでは『塵劫記』に先立って、まず『割算書』、そして『諸勘分物』を眺めておこう。

毛利重能の『割算書』

毛利重能はもともと摂津国武庫郡《むこぐん》瓦林(現在の甲子園球場のあたり)に住んでいたが、後に京都へ移り、割算「天下一」の称号を買って算術を指南した。『割算書』でまず注目を引くのはその序文である(以下、引用は現代語訳し、読みやすいよう改行するなど、手を加えた)。

割り算というものは、ユダヤ(壽天屋)のベツレヘム(邊連)に知恵の若木があり、この木に霊を備えた果実がなっていたのを、人のはじめの夫婦がその実を二つに割って以来、割り算というのである。

この典拠は明らかに聖書である。一五八七年の豊臣秀吉のバテレン追放令、一六一二年の江戸幕府の直轄地における禁教布告以来、次第に弾圧が厳しくなっていくなかでの記述であるから、興味をそそられるところであるが、残念ながら詳しいことはよくわかっていない。毛利がキリシタンだったかどうかも不明である。*2

『割算書』の雰囲気を感じるために一例を挙げて読んでみよう。次は大判鋳造に関する計算である。

①金が三八八匁《もんめ》ある。
②この金の内一三二匁は四五匁の品位である。四五で割って二枚九両三三三になる。
③二〇九匁は七三匁の品位である。七三で割って二枚八両六三になる。
④四七匁は五七匁の品位である。五七で割ると八両二四五になる。
⑤三口合わせると六枚六両二〇八である。
⑥右の金三八八匁を割れば、品位は大判一枚につき五八匁六分にあたる。

最初の、

①金が三八八匁ある。

というのは文字通り金が三八八匁あるということであるが、実は品質の異なる三種類の金②③④が混ざっている。これら三種類の金を合わせて大判を鋳造すると、その品質はどのくらいになるかというのが問題である。ちなみに江戸時代の一匁は三・七三グラムくらいといわれているから、三八八匁というのは現在でいえば一四四七グラムくらいであろう。

さて、

②この金の内一三二匁は四五匁の品位である。

というのは「全体（三八八匁）の内の一三二匁は、四五匁で金四四匁を含む大判一枚ができる」品位の金という意味である。不純物が混じっているから、この場合、金四四匁を含む大判を作るために四五匁の金が必要なのである。この「四五匁」をこの金の品位、あるいは簡単に位という。純金の品位は四四匁である（金四四匁を含む大判を作るのに四四匁の金でよいなら、この材料の金は純金である）。当時、大判（慶長〔一五九六～一六一五〕の頃から一六九五年まで鋳造された慶長大判）一枚の基準重量は四四匁であるから、それを金位の基準にしたのであろう。品位は値が大きいほど不純物が多く、金の含有率が低くなる。品位が四五匁ということは、一匁だけ不純物が含まれている訳である。

さて次の②の後半、

②四五で割って二枚九両三三三になる。

とは、「一三二匁を四五匁で割れば、金四四匁を含む大判が理論上二・九三三三枚できる」ということである。

以下、同様の記述が繰り返される。

③二〇九匁は七三匁の品位である。七三で割って二枚八両六三になる。

は、全体の内の二〇九匁は七三匁で金四四匁を含む大判が一枚できるから、この二〇九を七三で割ると、金四四匁を含む大判が二・八六三枚できるということである。さらに、

④四七匁は五七匁の品位である。五七で割ると八両二四五になる。

は、全体のうちの四七匁は五七匁で金四四匁を含む大判が一枚できるから、四七を五七で割ると金四四匁を含む大判が〇・八二四五枚できるということである。こうして、

一三二匁からは金四四匁を含む大判が二・九三三三枚。
二〇九匁からは金四四匁を含む大判が二・八六三枚。
四七匁からは金四四匁を含む大判が〇・八二四五枚。

できることがわかった。次の、

⑤三口合わせると六枚六両二〇八である。

というのは、これらを合わせると三八八匁から金四四匁を含む大判が六・六二〇八枚できるということである。そこで、はじめの金三八八匁をこの六・六二〇八で割ると、五八・六匁で金四四匁を含む大判が一枚できることがわかる。つまり、これら三種類の金を合わせて大判を鋳造すると、その品位は五八・六匁である。このことを述べたのが最後の、

⑥右の金三八八匁を割れば、品位は大判一枚につき五八匁六分にあたる。

という部分である。

原文はここまでであるが、この場合の金の含有量を求めておこう。品位が五八・六匁というのは、五八・六匁で金四四匁を含む大判が一枚できるということであるから、実際に重さが四四匁の大判を作ると、含有される金の量xは、

$$58.6 : 44 = 44 : x$$

より、

$$x = 44 \times 44 \div 58.6 = 33.03\cdots\cdots$$

であるから、約三三匁ということになる。これは金の含有率でいえば、

$$44 \div 58.6 = 0.750\cdots\cdots$$

すなわち約七五パーセントである。

ちなみに、問題の条件にあるような個々の金の品位は那智黒石（三重県熊野市で採れる粘板岩、黒の碁石などに用いられる）などで作られた石板に擦りつけて、その線条痕の色で判断された。経験や勘によりばらつきが出ないよう、複数の役人で評議のうえ、等級を決めた。この石板のことを試金石という。「試金石」という言葉は今でも使われるが、これがその語源である。現在でも試金石は市販されている。

この例からもわかるように、当時必要とされていた計算はなかなか細かいもので、人々の活動の雰囲気、感性を垣間見ることができる。江戸時代初期には大雑把な計算をしていたと漠然と考えるなら、それは大きな誤りで、特にお金の計算はいつの時代にもシビアである。なお、この問題は大判作成に関するものであるから、庶民のための問題というよりは、鋳造に関わる役人のための問題であろう。ちなみに、大判は貨幣としては流通せず、贈答用に用いられたので、色をよく見せるために銅を混ぜたりもした。

百川治兵衛の『諸勘分物』

『佐渡年代記』によれば、百川治兵衛は一六三〇年、越中（富山県）より佐渡にわたってきて、相川柴町の泉屋に寄宿して算学を広めた。一六三八年、親族にキリシタンがいるとのうわさがあり牢に入ったが、弟子が証人に立って放免されたという。[*3] 毛利重能もそうだったが、この時期の数学者とキリシタンの活動とは何らかの関係があったのであろうか。イエズス会の宣教師が江戸時代の数学の端緒を開いたとすれば、それはいつ、誰が、どのようにしたのか。現在のところ定説をなすまでには至っておらず、新たな研究課題が眼前に提出された状況である。

治兵衛が京都でも大坂でも江戸でもなく、佐渡で活躍した点は意外といえば意外であるが、その経緯などは知られていない。ただし、佐渡金山との関係は想定できる。実際、一六〇一年に佐渡で金山が発見されて以来、相川一帯は空前の活況を呈し、人や物とともに新しい技術や知識が流入することとなった（佐渡金山の産出高は元和、寛永の頃〔一六一五〜一六四四〕が最大であった）。そのような相川の一角で、治兵衛は数学を教授していたのである。

『諸勘分物』の「勘」とは勘定の「勘」で、計算すること、「分」とは積、つまり平面図形の面積や立体の体積のことである。つまり『諸勘分物』とは「面積・体積をいろいろ計算する書物」という意味である。たとえば木材の形に関する問題、堀や土地の面積、器の容積などが日常の具体的な問題として提示される。これらは数学的には角錐、円錐、三角錐、方台、球、楔形などの面積や体積の計算である。江戸時代を通じて最大の関心が寄せられた平面図形や立体図形の研究の契機を本書に見ることもできる。

ところで、本書の例題の多くは正確に計算できるが、なかにはそうでないものもある。たとえば、瓢箪や壺の容積を求める計算では、これらをいろいろな大きさの円柱が積み上がったものとして近似的に計算している。このように対象を「分割する」という発想は和洋を問わず重要で、江戸時代の数学においても高度な計算が後に行われることになる。

吉田光由の『塵劫記』

『割算書』や『諸勘分物』に見られるように、一七世紀初頭の数学は経済問題を主要な応用場面として動機づけられ、その計算は緻密なものであった。そのように数学が発展するなかで登場するのが本章の主人公、吉田光由である。光由は朱印船貿易で財をなした豪商角倉《すみのくら》家の一族で、天竜川の開削や琵琶湖疎水で有名な角倉了以《りょうい》（一五五四〜一六一四）はその外祖父にあたる。光由は了以の長男、角倉素庵《そあん》（一五七一〜一六三二）のもとで学んだという。素庵は貿易や土木事業に携わる一方、藤原惺窩《せいか》に儒学を、本阿弥光悦《ほんあみこうえつ》に書を学ぶなど、当代きっての文化人であり、古活字本（いわゆる嵯峨本）を刊行したことで有名である。

光由は素庵のもとで中国の数学書『算法統宗《さんぽうとうそう》』を学び、それをもとにして数学書『塵劫記』を刊行した。どのような経緯で光由が中国の算書を見ることになったのかは定かでない。角倉一族の貿易活動において安南方面から舶載した可能性もあるし、豊臣秀吉が朝鮮出兵の折に略奪してきた朝鮮本『算法統宗』が角倉家にわたった可能性もある。ともあれ、光由が『算法統宗』を学んだことは寛永八年（一六三一）版『塵劫記』の跋文に書かれている。

私は少しばかりある先生について、汝思の書をいただき、これを傍らにおいて先生とし、そのいくばくかを学び取った。

とあるのがそれである。ここで汝思とは中国・明の程大位の字《あざな》であり、その書とは程大位が一五九三年に著した『算法統宗』のことである。またここで先生というのは素庵のことと考えられている。

ところで、本書の序文を書き、『塵劫記』と命名した僧玄光は、天龍寺の塔頭《たっちゅう》である景徳寺、臨川寺の住持であったことが最近明らかにされた。[*4] 素庵は玄之ともいい、その子、孫には玄紀、玄通など「玄」の一字を持つ者が多いことから、玄光と角倉家の関係を論じる研究者もいる。その関係で序文を依頼したのであろうか。

吉田光由が著したこの『塵劫記』はまさに一世を風靡し、吉田自身による改訂版の他、海賊版ともいうべき類似の書も相次いで刊行された。光由の亡くなる一六七三年までに「塵劫記」と銘打つ書は全部で二一種も刊行されている。

このような出版合戦の陰で、それまでの数学書は駆逐されてしまった。もちろん今となってはどれほどの数学書が存在していたのか、その全貌を知る由もない。しかし先ほど挙げた『割算書』の例のような精密な計算が実際に行われていたことからすると、ある程度の数の数学書の存在を仮定することも可能かもしれない。いずれにせよ、『割算書』や『諸勘分物』、あるいは『算用記』など、幸運にも今日まで生き残ったものを除き、その他の数学書は『塵劫記』が世に普及するにつれ失われてしまったと考えられる。これはまさに『塵劫記』がその当時の社会の求めていたもの、すなわちニーズに合致していたことに他ならない。そしてその裏返しとして、既存の数学書は旧式なものとして顧みられなくなってしまったのであろう。

『塵劫記』がこのように一世を風靡した理由を、公田藏は次のように指摘している。

（一）そろばんの操作法が体系的にわかりやすく書かれていたこと
（二）日常生活に密着した例題を含んでいたこと
（三）広範な職業、日常生活の場面から例題を作ったこと
（四）遊びに関する例題があること
（五）実用的であったこと
（六）開平、開立計算などの若干高度な、数学的好奇心を掻き立てる例題を含んでいたこと
（七）読むのをどこでやめても、そこまでで一応完結した知識が得られること

『塵劫記』は教育という側面からすると往来物（手習所用の教科書）に属するかもしれない。最初の命数法やそろばんの操作法の記述はきわめて明確で、体系的であり、自学自習さえ可能である。またその全体的構成についていえば、例題はどこから学び始めても、どこで学びやめても、それなりの知識、技術が身につくようになっている。つまり、必要としている人に必要かつ十分

な教材を提供した。このように『塵劫記』は刊行後、明治になるまで人々に読みつがれた名著であった。そして、この『塵劫記』の出現によって日本に新たな数学文化が花開いたのである。

第二節　『塵劫記』で学ぶ

数の名称

『塵劫記』は最初に、数の一般的な読み方、貨幣、穀物の重さ、田畑の広さの単位、金属、石、土の比重などを記している。これらは『塵劫記』を読むための基礎知識であり、本書を読むための準備ともいうべきものである。

冒頭にある大小の数の名称部分を眺めてみよう。これによれば、大きい方は、

一、十、百、千、万、億、兆、京《けい》、垓《がい》、秭《じょ》、穣《じょう》、溝《こう》、澗《かん》、正《せい》、載《さい》、極《ごく》、恒河沙《ごうがしゃ》、阿僧祇《あそうぎ》、
那由他《なゆた》、不可思議《ふかしぎ》、無量大数《むりょうたいすう》

となっている。一六二七年序版では、万以下も一桁上がるごとに億、兆、京、となっていたが、一六三四年版以降は今日と同じようになっている。このとき一無量大数は10の68乗であるから、七一桁の数までは読み方があることになる。ちなみに日本の国家予算などで見かける兆は10の12

乗なので、当面は読み方に困ることはなさそうである。もっとも最後の方になると漢字一文字でないのが気になるが、それも現在のところは杞憂というべきであろう。

一方、小さい方は、

分《ぶ》、厘《りん》、毛《もう》、絲《し》、忽《こつ》、微《び》、繊《せん》、紗《しゃ》、塵《じん》、埃《あい》

となっている。分は十分の一である。今日でも勝率などを表現するのに割、分、厘、毛が使われている。ところで、割が十分の一だから分は百分の一であると思っている人も多い。しかしこれは正しくない。割というのは元来利息の単位名で、分、厘、毛などの数詞とは種類が異なるのである。分は「割」という単位の十分の一を表している。本来利息の単位である割を比率にも転用したため、分の意味が曖昧になってしまった。

珠算と問題

『塵劫記』はそろばんを用いていろいろな計算をするための本である。あるいはむしろ、珠算に習熟するためにいろいろな問題が並べられているといってもよい。この意味では、珠算と数学は一体のものというべきであろう。一六二七年序版の問題部分は、次のように一八条（節）に分か

『広益算法　万代塵劫記』（個人蔵）表紙見返しの挿絵。二人の子供が師匠から珠算を学んでいるところ。本書は1783年に初版が刊行されたが、1785年に新刻された。版元は京都寺町の菱屋治兵衛である。

れている。

第一条　米の売買とそれに伴う計算
第二条　金銀両替
第三条　銭の売買
第四条　利息
第五条　絹布の売買
第六条　輸入品の買い物
第七条　船賃
第八条　枡
第九条　検地
第一〇条　収穫と税
第一一条　金箔の売買
第一二条　材木の計算
第一三条　川の工事
第一四条　種々の工事

第一五条　三角形に折った鼻紙による木の高さの計測
第一六条　測量
第一七条　開平方
第一八条　開立法

『塵劫記』が『割算書』『諸勘分物』『算用記』と同類の問題を含んでいるのは、吉田光由がこれらの算書をも参考にしたことを示すものであろうか。

米売買の問題

ここでは米売買の条の第一問を眺めてみよう。なお「問題」といっても、現代のそれとは少し異なっている。最初に問題があるのは現代と同じだが、すぐ次にその答えがあり、計算法がそれに続く。その意味では例題といったほうがよいかもしれない。


米が八一〇石ある時、銀一〇匁につき四斗三升二合の相場なら、米の価格はどのくらいか。

銀子一八貫七百五〇である。

計算法。米八一〇石を右に置いて、左に相場の四斗三升二合を置いて、米相場で割れば一八貫七五〇とわかる。

米を米相場で割れば価格になる。価格にかければ米となると理解せよ。

石、斗、升、合は容積の単位で、一石は一〇斗、一斗は一〇升、一升は一〇合である。米の場合、一升は上米なら六〇〇〇〇粒、中米なら六五〇〇〇粒、下米なら七〇〇〇〇粒（米は等級が上がるほど粒が大きくなるから、一升に入る粒数は少なくなる）のことであるが、計量するときには枡を用いた。また銀貨は重さで計量し、銀何貫何匁という。一貫は一〇〇〇匁であり、一匁以下は分、厘、毛と続く。

先に取り上げた両替の問題と同様、ここでも計算は単純であるが、当時の単位系を知らないと難しく感じるであろう。『塵劫記』とはそういう本なのである。それはまさに、『塵劫記』が当時の経済生活に密着した数学書であることを示している。江戸時代の生活は、たくさんの単位に囲まれていた。人々は子供の頃から種々の単位の名称をおぼえ、単位の換算に習熟しなければならなかった。『塵劫記』の読者年齢はよくわからないが、今紹介したような問題を多数練習して単位系を身につけたのであろう。

第三節　なぜ『塵劫記』は読み継がれたのか

『塵劫記』の諸版

吉田光由が亡くなる一六七三年までに『塵劫記』が二一種類も刊行されたことはすでに述べたが、このうちの四種あるいは五種類は光由自身によるものである。このことについて、時代は下るが、村松茂清《しげきよ》は『算俎《さんそ》』（一六六三年）の跋に次のように記している。

塵劫記には偽物の出版が多くあって誤りも計り知れない。読者がその誤った書を選んで学ばれることを選者は嘆かわしく思ったのであろう、四度までも本書を刊行したのは、偽物を出版するものを深く恨み嘆いたためと思われる。

『塵劫記』の成功を見て海賊版が出始めたが、こともあろうか、内容に誤りがあるものさえあった。そのような本で学んだのでは、正しい勘定をできるようにはならず、そのことを光由は不満に思い、かつ嘆いたのであろう、と村松は推察したのである。

光由による版とされるものは、

一六二七年、四巻二六条
一六三一年、三巻四八条
一六三四年、四巻六三条
一六四一年、『新編塵劫記』、三巻七〇条

である。村松が指摘している「四度」とはこれらのことを指していると思われる。これをみると条数が次第に増加していることがわかる。新しい条が追加された場合もあるし、これまでの条が分割された場合もある。いずれにせよ、光由が増補、改訂に苦心をしていたことがわかる。

なお、『塵劫記』は初版以降、一六三四年版で内容がほぼ確定し、一六四三年の三巻五六条本（京都・西村又左衛門板）がその後流布、普及した。

『新編塵劫記』の遺題と遺題継承

これらのなかで最初の一六二七年序版以外でもっとも重要なものは、一六四一年の『新編塵劫記』である。というのも、この一六四一年版には末尾に答のない問題が付されているからである。光由は下巻の冒頭に次のように記している。

世に計算の達人もいるが、数学を学んでいない者にはそのレベルがわからない。ただ計算が早ければ上手であるというのは心得違いというものである。そこで、計算の達人と称する者の程度を見分けられるように、この巻に解法を除いた問題が一二問ある。計算の達人と称する者はこの問題を解いてその解法を発表せよ。

光由は偽版の多いことに業を煮やしたのであろうか。

さて、問題が出されれば、それを解こうとするのが数学の常である。実際、光由の問題に解答した書物が複数刊行された。そのような書物としてたとえば、

榎《え》並和澄《なみともすみ》『参両録』（一六五二年）
初坂重春『円方《えんぽう》四巻記《しかんき》』（一六五七年）
山田正重『改算記』（一六五九年）
礒村吉徳《よしのり》『算法闕疑抄《さんぽうけつぎしょう》』（一六五九年）
前田憲舒《けんじょ》『算法至源記』（一六七三年）

がある。榎並和澄はその序文に、

僕がまだ二〇歳であることも考えずに、このような書を表すことを誠に身分不相応だと世の中の人も考えるかもしれないが、

と記しているから、このとき二〇歳程度だったのであろう。一七世紀の中頃にはそのような青年が数学書を刊行できるほど、社会は経済的にも文化的にも豊かになっていたのである。

榎並は光由の残した問題（遺題）を解いて、自らも問題を提出した。こうして遺題が継承されていく、継承遺題または遺題継承の習慣が始まった。たとえば『改算記』は『塵劫記』の遺題を解くと同時に『参両録』の遺題も解き、さらに一一問の遺題を提出した。『算法至源記』には実に一五〇問もの遺題が付されている。

一七世紀後半はおおむねこの遺題の継承のなかで数学の問題が多様かつ高度になった時期であり、また問題を解くための基本的な技術が整備された時期でもあった。この時期には、このような遺題の継承が成り立つほど数学の問題を解こうとする者が多数存在していたのである。

ブランドとしての『塵劫記』

江戸時代に書かれた数学書はもちろん『塵劫記』ばかりではないが、『塵劫記』の系統の本はその後もずっと刊行され続けた。それらはいろいろな書名を与えられていたが、「塵劫記」という三文字を入れることでその書物のイメージは確定していた。つまり『塵劫記』は出版界において一つのブランドをなしていたのである。

「新編」とか「増補」というような編集上のキーワード以外の言葉を用いた最初の『塵劫記』は、一六八九年に作本屋九兵衛が刊行した『万宝塵劫記』であろう。「万宝」とは「様々のことに重宝する」という意味である。その後、この種の書名はいろいろ発明された。いささか冗長ではあるが、以下それらを列挙してみよう。[*5]

『広益塵劫記』『懐宝塵劫記』『万福塵劫記大成』『万徳早鏡　広益塵劫記大全』『万海塵劫記』『袖玉塵劫記宝船』『広益合類　万徳塵劫記商売鏡』『諸商売早割算　大海塵劫記大全』『近道しるべ　拾玉塵劫記』『改算塵劫記世界玉』『永代塵劫記宝袋』『改算増補　栄海塵劫記大成』『万歳塵劫記大成』『改算増補　富貴塵劫記綱目』『近道算法　売得塵劫記大全』『袖珍塵劫記捷径大成』『諸家要用　大福塵劫記商売鑑』『男重法初心抄　金玉塵劫記大全』『改補開運塵劫記宝箱』『新改早覚　大万塵劫記』『塵劫記指覚大全』『天明新編　正術塵劫記』『世宝塵劫記』『珠算必携　明元塵劫記』『算学要宝　寿福塵劫記大全』『七福塵劫記』『算術捷径世宝塵劫記』『秘術抜粋　算法指南塵劫記』『早引塵劫記』『銭相場通賦帳相場割　ぢんから記』『増益　宝珠塵劫記』『算法要術　金徳塵劫記』『教塵劫記独稽古』『狂歌塵劫記』『銀徳塵劫記』『頭書絵入　稚塵劫記早学』『童宝近道　塵劫記九九水』『再刻　随一塵劫記』『嘉永塵劫記』『安政塵劫記』『万延塵劫記』『慶応新板　万宝塵劫記』

これらを眺めると、あれやこれやの言葉で売り込みに必死な版元の姿が目に浮かぶ。寛永から慶応に至るまで、江戸時代にはこのような『塵劫記』系の書物が（再版を含んで）二〇〇種以上刊行された。これらの書名から察するに、その核心は要するに「簡単に数学が身につき、そのおかげで商売が繁盛して、幸せになる」ことである。手っ取り早く楽に数学を身に付けたいと思う人が多いのは今も昔も同じようだ。しかしこれは数学が難しいと感じる人々も多かったこととの裏返しでもある。

さらに驚くべきことは、このような「塵劫記」を謳った書物の刊行が明治になっても続いていたことである。一八六八年の古谷定吉『改正塵劫記』にはじまり、一九〇四年の竹井駒哲『実用新式　近世塵劫記』（第五版）まで、実に九〇種を超える。この竹井の『実用新式　近世塵劫記』は一九一三年に第二〇版が出るほどよく売れた。一九一三年といえば大正二年である。もちろん、明治になって西洋の数学（洋算）が導入されたのに伴い、次第に内容も変容していった。過渡期の『塵劫記』を見ると、本文は江戸時代の日本数学、頭書（頭注部分）はアラビア数字・アルファベットを用いた西洋数学といったように、二冊の本が合体したようなものもある。つまり「塵劫記」を謳わないと数学入門書とは認められなかったのである。それほど『塵劫記』は人々の経済生活、あるいは日常生活そのものと一体化していたといえよう。

それでは、なぜ『塵劫記』はこれほどの一大ブランドとなり得たのか、なぜ長期間にわたってブランドたり得たのか。この問題は江戸時代の数学文化を考えるうえで重要である。第一節の最後に『塵劫記』が一世を風靡した理由を七点ばかり挙げたが、さらにもう少しだけ考えてみたい。

まず一六二七年に『塵劫記』が刊行された頃の社会情勢を見ると、当時は新田開発が盛んに行われ、それに伴い河川の付け替え、用水路の開削、干拓なども盛んであった。角倉家が土木事業に携わっていたことは先に述べたとおりである。第二節に引いた一六二七年序版の問題一覧を見ると、土木関係の問題が次のように六条ある。

第九条　検地
第一二条　材木の計算
第一三条　川の工事
第一四条　種々の工事
第一五条　三角形に折った鼻紙による木の高さの計測
第一六条　測量

また、新田開発とともに農業技術が革新され、米の生産が増加し、商業の発展とともに物流も増加した。そのことを反映して、米、絹などの売買に関わる商業関連の問題が五条ある。

第一条　米の売買とそれに伴う計算
第五条　絹布の売買
第六条　輸入品の買い物のこと
第七条　船賃
第八条　枡

さらに金銀両替などの金融関連の条が四条ある。

第二条　金銀両替
第三条　銭の売買
第四条　利息
第一一条　金箔の売買

厳密にはなかなか分類できない条もあるが、こうしてみると、いかにも時代の要請によく応えたものとなっているのがわかる。

『塵劫記』は『割算書』や『諸勘分物』とは異なって、珠算の図解や多くの挿絵があり、きわめて精巧な作りとなっている。角倉一族の一員として光由の財力が十分だったことにその理由を求めることもできるかもしれないが、版元を取り巻く情勢がそのような出版を求めたと考えることも可能であろう。また寛永一一年版は色刷りである。これは色刷りのごく早い例であり、キリシタンによる色刷り出版からの影響を論じる研究者もいる。このように『塵劫記』は出版文化史から見ても関心を引く書物である。

往来物として影響力のあった数学書は『塵劫記』だけではない。たとえば、山田正重が一六五九年に刊行した『改算記』も『塵劫記』と同様、数学の入門書として多くの読者に影響を与えた。しかし、それでも『塵劫記』は常に中心であり続けた。

このように『塵劫記』は産業史、教育史、出版文化史など、さまざまな観点から見ることが可能であり、一概に『塵劫記』の読み継がれた理由を明らかにすることはできない。それがまた現代から見た『塵劫記』の魅力でもある。

＊1 「じんこうき」とも。

＊2 キリシタンとの関係については平山諦『和算の誕生』（恒星社厚生閣、一九九三年）、鈴木武雄『和算の成立』上下（自家版、一九九七～一九九八年）に議論がある。

＊3 『佐渡年代記』一六三〇年（寛永七）の条に「越中国より百川治兵衛と云算者来りて柴町泉屋多兵衛と云者か家に寄宿して算学を弘む」、また一六三八年（寛永一五）の条に算術者百川治兵衛切支丹の親族の聞え有之籠舎せしむる処弟子証人に立に依て免す」とある。一六三七年には中山というところでキリシタン数十名が処刑されていることから、この捕縛は一連の詮議の結果であろう。

＊4 中井保行「玄光氏発見」『数学史研究』第二三〇号（二〇一八年）九～一七ページ。玄光については林隆夫「『塵劫記』の書名について」『数学史研究』第一七一号（二〇〇一年）一～八ページ、同「『塵劫記の書名について』の補遺――桑原賞記念講演から――」『数学史研究』第一八四号（二〇〇五年）二二～二五ページにも詳細な論証がなされている。

＊5 和算研究所塵劫記委員会『現代語『塵劫記』』（和算研究所、二〇〇〇年）。

第二章　関孝和の数学——日本の数学の確立者

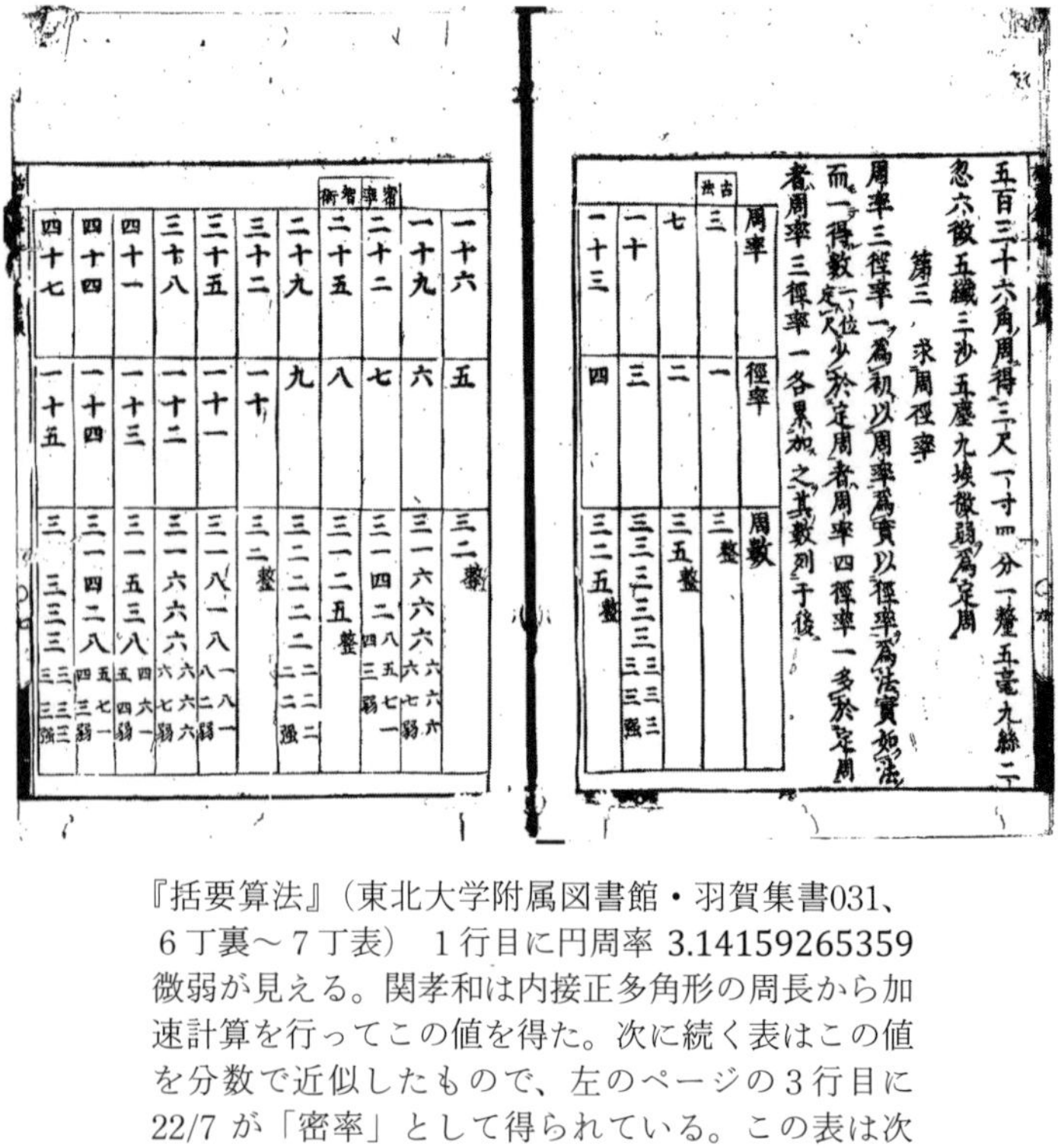

五百三十六角周得三尺一寸四分一釐五毫九絲二忽六微五纖三沙五塵九埃微弱為定周

第三　求周徑率

周率三徑率一為初以周率為實以徑率為法実如法而一得数一位定欠少於定周者周率四徑率一多於定周者周率三徑率一各累加之其数列于後

	古法						密率	智術							
周率	三	七	一十	一十三	一十六	一十九	二十二	二十五	二十九	三十二	三十五	三十八	四十一	四十四	四十七
徑率	一	二	三	四	五	六	七	八	九	一十	一十一	一十二	一十三	一十四	一十五
周数	三整	三五整	三三三三三三三三三強	三二五整	三二整	三一六六六六六六六七弱	三一四二八五七一四三弱	三一二五整	三二二二二二二二二強	三二整	三一八一八一八一八二弱	三一六六六六六六六七弱	三一五三八四六一五四弱	三一四二八五七一四三弱	三一三三三三三三三強

『括要算法』（東北大学附属図書館・羽賀集書031、6丁裏～7丁表）1行目に円周率 3.14159265359 微弱が見える。関孝和は内接正多角形の周長から加速計算を行ってこの値を得た。次に続く表はこの値を分数で近似したもので、左のページの3行目に 22/7 が「密率」として得られている。この表は次頁以降も続き、最終的に 355/113 を得て終わっている。関はこの表で当時名前が与えられていた円周率の近似分数をすべて得てみせた。

江戸時代の数学は世界的に見て最先端をいく成果をいくつも挙げた。その端緒となったのが関孝和の仕事であった。「孝和」は最近では「たかかず」と読むことが大半だが、戦前は「こうわ」と音読みしていた。『首書改算記綱目《しゅしょかいさんきこうもく》』（一六八七年）の序文に孝和に「タカカズ」と振仮名があることから、「たかかず」が正しいのであろうが、後世、関孝和に敬意を表して「こうわ」と呼んだのであろう。実際、関は円周率の計算などにおいて抜きん出た計算力と方法論とを示した。ところが、数学者としての偉大さに比べ、その生涯についてはほとんどわかっていない。本章では近年の諸研究の成果を簡単にまとめたうえで、その数学について述べてみたい。[*1]

第一節　関孝和像を考える

関の生涯

関孝和という名前は、高等学校の日本史の教科書に次のように出てくる。[*2]

儒学の合理的・現実的な考え方は、本草学（博物学）・医学・数学・天文学などの自然科学の発達もうながした。和算の関孝和は円周率や円の面積・筆算代数などに優れた研究成果を挙げた。

「儒学の合理的・現実的な考え方」が数学の発達を促したかどうかは議論の分かれるところであろう。しかしここではその点には触れないでおく。また「関孝和は円周率や円の面積・筆算代数などに優れた研究成果を挙げた」といっても、具体的にどのようにしてその成果を挙げたのかを説明できる人は少ないと思われる。このように、関は高等学校の教科書に載るくらい有名にもかかわらず、その人物も業績も知られていない。そこでまず本節では、関孝和はどんな人物だったのか述べてみよう。

とはいうものの、その生涯についてはほとんど知られていることがない。たとえば関の生年もわからない。巷間には一六四二年生まれともいわれているが、根拠はない。唯一の情報といえば近年発見された甲府藩士の役職や付録を記した『甲府分限帳』の記録で、そこには「辛巳五十七」とある。[*3] 辛巳は一七〇一年のことであるから、これから逆算すると関は一六四五年生まれということになる。ところがこれが決定的かというと、必ずしもそうではない。たとえば、この『甲府分限帳』には関の高弟であった建部賢弘《たけべかたひろ》に関する記載もあるが、その生年が三年誤っている。つまり記事の信頼性が問題になっている。出所の異なる複数の記述が一致してはじめてその情報の蓋然性が高まるとすれば、さらなる史料の発見が待たれる。なお、現在この史料は一般には公開されておらず、実見することはできない。

ちなみに、関が一六四二年に生まれたとの説は川北朝鄰《ともちか》*4（一八四〇〜一九一九）が一八九二年に『数学協会雑誌』に発表した説である。これについて数学史家の三上義夫（一八七五〜一九五〇）は、

大正五年［一九一六］に川北朝鄰が帝国学士院に私を訪ね、（中略）寛永十九年［一六四二］生の説は、ニュートンと同年の誕生と見た川北氏自らの推定だと語られた。

と述べている。*5なんともいい加減な話ではあるが、先の『甲府分限帳』の一六四五年とは当たらずとも遠からずという結果ではある。

さて、『甲府分限帳』や近年の調査研究から、関の履歴をごく簡単にまとめておこう。まず関は、内山七兵衛の子として武蔵国で生まれ、関家に養子に入った。その後は次のようである。

一六六五年、関家を継ぎ、小十人組御番
一六八四年、甲府藩の検地水帳へ署名（〜一六八五年）
一六九二年、御賄頭
一六九八年、国絵図関係書類に署名

一七〇一年、御勘定頭の差し添い
一七〇二年、新井白石の俸禄書き換え書類に署名する
一七〇四年、西丸御納戸組頭、御家人になる
一七〇六年、致仕
一七〇八年、没

関は江戸詰めの甲府藩士として御賄、御勘定役を務める一方、検地や測量に関連する業務にも従事した。その後、甲府藩主徳川綱豊（一七〇四年に家宣と改名）が叔父の将軍綱吉の養子となって江戸城西の丸に入ったのに伴い、西丸御納戸組頭となり、御家人となった。もっとも御家人となってから二年後には引退し、さらに二年後の一七〇八年に没した。なお、正徳の治で有名な新井白石も当時から綱豊に仕えており、関とはいわば同僚だった。そして勘定方として関は新井白石の俸禄に関する必要書類に署名している。

関が検地や測量の業務に携わっていたのはおよそ四〇代から五〇代にかけてのことである。これは関の数理能力が認められたということであろうか。

近年、『甲府分限帳』に加えて『宝永二年記』『甲府御館記』などが精査されて、役人としての関の仕事ぶりがわずかだが明らかになった。次は『甲府御館記』の一六九六年四月二五日の条である。*6

私共この正月にお目見えを仰せつかり、ありがたく、過分のことでございます。
つきましては五旬節の折にもお目見えを仰せつかりますよう、お願い申し上げます。
四月　　御菓子屋　主水
同　　織江
矢守助十郎様
関　新助様

五旬節とは端午の節句のことで、この願い状は菓子屋の主水と織江が殿様にお目見えを願い出た記録である。関新助（孝和）は甲府藩の賄頭として、このような手配の仕事もしていた。

関の在所[*7]

関の実家、内山家は本国を信濃とする旗本で、清和源氏を称した。父親の内山七兵衛永明は駿河大納言忠長に大御番として仕えたが、一六三一年、忠長の不行跡により上野国藤岡に蟄居した後、一六三九年、三代将軍徳川家光に召し出されて御天守番となった。永明の没後は長男の永貞が内山家を継いだ。『御府内往還其外沿革図書』一一の「貞享元禄年中之形」に内山七兵衛永貞の屋敷が記載されている。その住所は牛込七軒寺町（現在の牛込警察署）である。永明が藤岡から江戸に出たときに住んだのも、あるいはここだったかもしれない。とすると、関も養子に出る前はここに住んでいたことになる。永明は没後牛込浄輪寺（現弁天町九五）に葬られ、それ以降、浄輪寺が内山家の菩提寺となった。

一方、養子に行った関家についても確定されていない。養父は関五郎左衛門（『甲府分限帳』では十郎左兵衛）という者であったが、この関家がどの関家なのかはよくわからない。しばしばいわれるのは、府中高安寺を菩提とする関家の五郎左衛門吉直で、本姓は藤原姓、本国は伊勢、家紋は上羽蝶である。『発微算法《はつびさんぽう》』の解説書である建部賢弘、賢明《かたあきら》らの『発微算法演段諺解《はつびさんぽうえんだんげんかい》』（一六八五年）に寄せた関の跋には「藤」の印が押されている。しかしながら『寛政重修諸家譜』などでは本姓を「未勘」としていて、決定的ではない。内山家の近所（南山伏町）の関弥四郎豊好（平姓、本国武蔵、墓所下谷泰宗寺）が養子先だとする説もある。一六九五年に編纂された『甲府様御人衆中分限帳』には、

御賄頭　御役料拾人扶持

（中略）

蝶　　天竜寺前

同（弐百俵）　関新助

とある。この史料は関の住んでいた住所を探るための数少ない史料の一つである。これによれば、一六九五年頃、江戸、天竜寺前に住んでいたことになる。天竜寺はもともと牛込山伏町（現南山伏町）にあったが、一六八三年、火災により四谷追分（現新宿四丁目）に移転した。だとすれば天竜寺前とは現在の新宿南口の甲州街道そば、都立新宿高校のあたりということになる。ところが、天竜寺の元の場所というのが、内山七兵衛永貞の屋敷のあった場所なのである。すなわち、天竜寺が焼失して後、その地が武家地となり、そこに内山七兵衛永貞が住んでいた。そこで、この天竜寺というのは「元」天竜寺のことではないか、と考える研究者もいる。内山永貞は一六九五年一二月から近江中泉（現在の静岡県磐田市）に代官として赴任したことから、この留守宅に仮寓したという可能性も示唆されている。

ところで、関孝和は内山家の菩提寺、浄輪寺に葬られている。関家ではなく内山家の菩提寺に葬られていることは意外であるが、実は関の養父も浄輪寺に葬られている。してみると、その理由はよくわからないが、関の代に菩提寺を浄輪寺に移したとも考えられる。

関の著作

さて、以上は役人としての関の生涯であるが、数学者としての関の事績はどうであろうか。確かなことは、まず次の事柄である。

一六七四年、『発微算法』を刊行
一六八三年、建部賢弘の『研幾算法《けんきさんぽう》』の跋を執筆、建部賢弘、建部賢明とともに『算法大成』（後の『大成算経』）の編纂開始
一七一二年、『括要算法《かつようさんぽう》』四巻（元、享、利、貞）刊行

『発微算法』は、関が生前刊行した唯一の書、『括要算法』は関の没後、弟子であった荒木村英《むらひで》とその門人大高由昌《おおたかよしまさ》が関の遺編として一七一二年に刊行したものである。刊行されたのはこれら二編にすぎず、その他はすべて写本として伝わっている。今、真正と思われるものを列挙すると、

『解隠題之法《かいいんだいのほう》』（一六八五年）
『解伏題之法《かいふくだいのほう》』（一六八三年重訂）
『開方翻変之法《かいほうほんぺんのほう》』（一六八五年重訂）
『題術弁議之法《だいじゅつべんぎのほう》』（一六八五年）
『病題明致之法《びょうだいめいちのほう》』（一六八五年重訂）
『方陣之法・円攢《えんさん》之法』（一六八三年重訂）
『算脱之法・験符《げんぷ》之法』（一六八三年訂書）
『開方算式』

『求積』
『毬闕変形草《きゅうけつへんけいそう》』

以前は、『解隠題之法』『解伏題之法』に『解見題之法』を加えて「三部抄」といいならわされてきたが、『解見題之法』は内容に異同が多いことから必ずしも関の著作とはいえない。また、これまで関の著作とされてきた『規矩要明算法』にも疑義が発せられている。[*8]

第四章で詳しく述べるが、『研幾算法』の著者、建部賢弘は関の高弟で、円弧を無限級数に展開するなど、関に劣らない業績を挙げた数学者である（建部もまた幕臣であった）。『算法大成』は関、建部賢弘、賢明が当時の数学の集大成をめざしたものとされる。経緯は後述するが、関の大半の著作はこの『算法大成』のための原稿であったかもしれない。

資料散逸

関家は関の没後、その養子、新七郎の時に断絶してしまった。[*9] 事の発端は一七三四年一二月二四日に発生した追手門櫓における小判三九三両二分、甲州金一〇二九両三分の盗難事件である。犯人は甲府勤番組頭の中間《ちゅうげん》で内部事情に詳しかった次郎兵衛という者であったが、その捜査の過程で、新七郎の賭博関与が露見したのである。この容疑で新七郎は重追放となって関家は改易となった。重追放は遠島に次ぐ重罰で、動産も不動産も没収である。関が没してわずか三〇年足らずのことであった。

江戸時代の数学者のなかではもっとも有名な関の生涯がほとんど不明なのは、やはり関家の改易が大きいだろう。現在関の遺稿、蔵書類などの行方は不明であるが、断絶による資料の消失、散逸が伝記探求の大きな障害であることは疑い得ない。だが、そのこととは別に、そもそも関は当時それほど有名だったのか、と疑問を呈する研究者もいる。確かに関は生前に一冊しか数学書を刊行しておらず、その一冊も内容が難解で、ほとんどの人は理解できなかった。当時そのことが批判されてもいる。後に関流という数学の流派が確立してから後、関は神格化されたが、それ以前はどうであったのか。少なくとも関の存命中は、関の周りには少しばかりの師事する門人がいるだけだったのである。また、当時の人々は――数学に関わっていた者でさえ――数学者としての関の生涯などには関心がなかった可能性もある。関の本業は役人であって、本業において高い地位にあればこそ、その履歴も重要であろうが、数学においてすぐれている、というだけでは履歴を明らかにする社会的意義は小さいのである。関の履歴が不明なことに違和感を持つのは、数学者という職業が確立している現代の我々の先入観なのかもしれない。

関流の開祖

個人としての関についてわかるのはこのくらいだが、後に確立した関流の開祖としての、いわば象徴としての関孝和についても簡単に述べておこう。

江戸時代に数学を学ぼうとする者が集団を作ろうとすると、流派という形を取るのが一般的であった。これは華道、茶道、馬術など多くの分野にある家元制度を模したものである。本来家元制度は一家相伝で、父から子へと移譲されるものであるが、数学の能力は親から子へ伝えることができない（どのような分野であれ多かれ少なかれそうかもしれないが）。たとえ親に数学の能力があったからといって、子も数学ができるとは限らないのである。そのために、数学の流派では一家が相伝していくとは限らず、むしろ別人に伝えることの方が多かった。実際、関を初伝、開祖とする関流も二伝は荒木村英であり、親子などではない。

ここで注意すべきは、関流が確立したのが山路主住《やまじぬしずみ》（一七〇四～一七七二）の頃、おそらく関の没後数十年を経てからと考えられることである。関の生きていた時代には未だ流派ということはいわれず、集団はもっと私的なものであった。この時期、関の周囲にいた人々は個人的に関の能力や業績を評価することはできても、公表された組織の主導者とは考えていなかった。その後、流派が確立してくると、関を顕彰する必要に迫られる。このとき重要なのは精確な伝記的事実というよりも、むしろ関の能力を誇示する事績、あるいは著作類の選定であった。ここには史実の発掘の他に、史実の捏造も含まれることに注意しておきたい。当時は今日ほど厳密な歴史学的考証を要求されなかった。関流の開祖として関孝和の地位が定まったと考えられるのは、現在残っている浄輪寺の関の墓碑が改刻された一八〇〇年頃までであると考えられている。

第二節　関の傍書法

天元術

日本史の教科書に優れた研究成果として挙げられている筆算代数は、江戸時代には一般に傍書《ぼうしょ》法《ほう》と呼ばれたもので、今日の整式（多項式）の概念に相当するものであった。この工夫によって関以降、日本では整式を自在に処理できるようになり、格段に問題の処理能力が向上した。傍書法は確かに近世日本数学史における革新として第一に挙げられるものである。

その基礎になったのは、中国から一六〇〇年前後に日本に伝来したと考えられている朱世傑《しゅせいけつ》の『算学啓蒙《さんがくけいもう》』（一二九九年）における天元術《てんげんじゅつ》である。天元術は、与えられた問題の文章から未知数が一つの数値係数の方程式を作る方法である。その結果得られる方程式は、算籌《さんちゅう》（日本では算《さん》木《ぎ》）によって表現される。日本の算木は三〜四センチメートルの四角い棒で、正数を表す赤色のものと負数を表す黒色のものがある。これを碁盤のような升目のなかにおいていく。升目の一番上は方程式の解を置く行、二番目は定数項を置く行、三番目は未知数の一次の項の係数を置く行、四番目は二次の項の係数を置く行、というように順次次数が高くなってゆく。たとえば、

とあれば、これは多項式 $-8+2x+x^2$ または方程式 $-8+2x+x^2=0$ を表す（紙上に書く時は負数を表すのに斜線を加える）。天元術では未知数や「イコール・ゼロ」は表せないから、この配置が多項式なのか方程式なのか、これだけではわからない。しかし実際には文脈から明らかであるから、格段の問題は生じない。

今日の数学で「ある未知の量を x とする」ことに該当するのは、算木を、

〇
｜

と配置することである。天元術ではこれを「何々を天元の一とする」と表現する。江戸時代の人々は最初、この中国から伝えられた「天元の一」の意味をなかなか理解できずに苦心した。これを最初に正しく理解したのは沢口一之の『古今算法記《ここんさんぽうき》』（一六七一年）であったといわれている。この「天元の一を立て」た状態から、問題の題意に沿って、加減乗算を繰り返し、方程式を立てるのである（原理的には除法もできるが実行された形跡はない）。

沢口一之の『古今算法記』と傍書法

一六四一年の『塵劫記』に問題（遺題）が付され、互いに問題を出し合う遺題継承の習慣が始

まったことは先に述べた。この場合、出題者は必ずしもその問題の解法を知っていたとは限らない。自分で解けないような問題を出題した場合もあったのである。自分で解けなくてもよいとなると、問題を作るのはいたって容易である。こうして出題される問題は急速に難しくなった。

そのような流れのなかで、一つの節目となったのが一六七一年、沢口一之によって刊行された『古今算法記』とその遺題を解いた関の『発微算法』(一六七四年)である。

『古今算法記』は『塵劫記』の系統を引きつつ、中国伝来の天元術を説明し、佐藤正興《さとうまさおき》の『根源記』(一六六九年)の遺題一五〇問を解いた書物であった。天元術が伝来したといっても、懇切丁寧な説明があったわけではなく、使った例があるだけだから、それを理解するのは容易ではなかっただろう。沢口がこの天元術を用いて問題を解いた点に、『古今算法記』の第一の意義が認められる。

そして、『古今算法記』にはもう一つの重要な意義がある。それは遺題である。『古今算法記』は最後に一五問の遺題を付していた。実は、沢口の提出したそれらの遺題は一問を除いて天元術では解くことができないようなものばかりであった。未知数をいくつも用意しなければ解決できないのである。関はこれらの遺題一五問を解くために、伝来した天元術をヒントにして筆算方法を編み出した。これがいわゆる傍書法である。この工夫によって、はじめて複雑な問題も扱うことができるようになった。関によるこの整式の表記方法はその後、江戸時代の数学が終焉を迎える明治に至るまで基本的に踏襲された。つまり『古今算法記』は江戸時代の数学を特徴づける関の工夫を促したという点にも意義が認められるのである。

一例を見てみよう。沢口の提出した問題は次のようなものであった（遺題第四問）。

今、甲、乙、丙の立方体が各一つずつある。ただし、甲の体積と乙の体積を併せると一三万七千三百四十坪である。又、乙の体積と丙の体積とを併せると一二万千七百五十坪である。これとは別に、甲の一辺を平方に開いた商と、乙の一辺を立法に開いた商と、丙の一辺を四乗根に開いた商を加えると一尺二寸である。甲、乙、丙の一辺はそれぞれいくらか。

これは甲、乙、丙の辺の長さをそれぞれ順にx、y、zとするとき、

$$x^3 + y^3 = 137340$$
$$y^3 + z^3 = 121750$$
$$\sqrt{x} + \sqrt[3]{y} + \sqrt[4]{z} = 12$$

を解く問題である。定数の値も複雑だが、それにも増して最後の条件はいかにも複雑である。この問題を一つの未知数だけで解くことは困難であろう。

そこで関は後に傍書法と呼ばれるようになる表記法を工夫したのである。関はたとえば、

$$a - 2bx + 3cx^2$$

という整式を、

$$\begin{array}{ccc} a & b & c \\ | & \not= & \equiv \end{array}$$

というように表した。この工夫がその後の江戸時代の日本の数学のパラダイムを決定づけることとなった。「傍書法とは横に文字を書くだけのことだ」といえば、その通りなのだが、それは彼らよりも進んだ数学を知っているわれわれがそう思うだけのことで、時代錯誤というものである。現代から三〇〇年後の数学者がわれわれの数学を見て、「そんな簡単なことをしていたのか」と評価するとしても、われわれは知っている限りの知識を総動員して数学を発展させているのであって、そのような評価は不本意であろう。

なお、算木式に文字を傍書するのは関が初めてではない。すでに『算学啓蒙』にもその例はある。しかし『算学啓蒙』ではその傍書が積極的に利用されることはなかった。それに対して関は、傍書することの本質を見抜いたのである。

必要な文字を傍書することで数学の表現力が格段に広がり、処理の見通しも利くようになった。

傍書の方法によって今日の整式の加減乗除（実際には除法は用いられなかったが）の計算が可能となったのである。注目している未知数は記憶して表記しないというような、我々の表現とは異なる点もあるが、整式の計算に関しては関以降、江戸時代のほとんどの数学者はこれで格段の不自由を感じなかった。

関は先に述べた問題に対して巧妙な式変形を繰り返し、最終的に丙の一辺の長さの四乗根に関する一〇八次方程式を得た。関が記したのは方程式までで、実際に解いてはいない。ひとたび方程式ができれば、開方術という数値解法（これも中国から伝来したもの）によって原理的には解を求めることができるから、現実には解くことができなくともよいとしたのであろう。

関の『発微算法』は中国数学の伝統を引き継ぐ形ですべてが漢文で書かれており、式の変形過程もほとんど述べられていないためきわめて難解で、刊行されると物議を醸した。関の高弟であった建部賢弘らはそれに憤慨し、一六八五年に『発微算法演段諺解』を著し、疑念の払拭に努めた。その結果、関のいわゆる傍書法は世に公開され、急速に普及した。厳密にいえば、建部らの公開した傍書法が関自身の方法と同一であったかはわからないが、それを否定する史料のない現在、建部らは関の方法を公開したとみるのが妥当であろう。『発微算法演段諺解』がなければ、今日でも『発微算法』を理解することは至難の業である。

われわれ研究者が江戸時代の数学書を読む場合にも、原本に理解できない点があるときは、まず『○○諺解』『○○解義』『○○詳解』といった解説本を調べる。「諺解」とは口語による解説のことである。これは当時の理解の仕方を知るうえできわめて有効な手段である。それでもわからない部分は最終的に想像するしかない。この場合、われわれにとって自然な理解であっても、それが当時の考え方と同一かどうかの保証はないのであって、さらに他の資料を精査するなどして慎重を期す必要がある。

ちなみに、この一〇八次方程式が実際に解かれたのは、関が没して三〇〇年経った二〇〇七年のことであった。[*10] その結果、意外なことに図に描かれている大小関係と合う答は存在しないことが明らかになった。実は当時、そのことを指摘した者があった。他ならぬ沢口一之である。一六八三年の年紀を持つ『当流算術難好伝記《とうりゅうさんじゅつなんこうでんき》』(「当流」とは橋本正数派を指す)には、この問題を「無伝無術」とある。[*11] 沢口が実際に何らかの方法で解いて「無伝無術」としたのか、初めから答がないように図における大小関係を替えたのか、単に後日誤りに気づいたのか、はたまたもっと別の事情があったのか、それはわからない。

第三節　関のめざしたもの

未知数消去の理論(一)

関が『古今算法記』の遺題を契機に傍書法を工夫したことは今述べた通りである。しかし、その事実にのみ注目するのは皮相的にすぎる。さらに深く、数学的に見てみると、事の本質は未知数の消去理論の必要性、あるいは必然性を生み出した点にある。天元術では解けないような『古今算法記』の遺題に対して関が傍書法を編み出したということは、複数の未知数を用いることを可能にしたということに他ならない。このとき問題は多元の高次連立方程式に帰着され、その瞬間から余分な未知数を消去することが必然的に求められるようになった。[*12] 関の『発微算法』は傍書法の導入と同時に未知数消去の理論の嚆矢でもある。

たとえば二つの未知数x、yの方程式が得られ、それをxについて整理したとき、

$$P+Qx=0,\ x^2=A$$

となったとする。ここでP、Q、Aはyの式である。関はこれからxを消去して、

$$P^2-Q^2A=0$$

とする。これは$P=-Qx$の両辺を二乗すれば得られるが、関がどのように考えたのかは正確にはわからない。それはともかく、これはyの方程式である。

同様に、三つの未知数x、y、zについての方程式が得られ、それをxについて整理して、

$$P + Qx + Rx^2 = 0, \ x^3 = A$$

となったとき、関は最初の方程式を、

$$P^3 + Q^3x^3 + R^3x^6 - 3PQRx^3 = 0$$

と変形する。これは $P + Rx^2 = -Qx$ の両辺を三乗して整理すれば得られるが、実際にどのように考えたのかはよくわからない。ここに $x^3 = A$ を代入すれば x が消去される。この結果を建部らは、

定数項の三乗、一次の係数の三乗に未知数の三乗を乗じたもの、二次の係数の三乗に未知数の六乗を乗じたもの、以上三項を合わせて左に寄せ、一方、定数項、一次の係数、二次の係数を乗じたものに未知数の三乗を乗じ、これを三倍したもので相消して、

と述べている。ちなみに原文は、

実再自乗、方再乗巾ニ何某再乗巾を相乗ジ、廉再乗巾に何某五乗巾ヲ相乗ジ、三位併テ左ニ寄セ、実、方、廉相乗ニ何某再乗巾ヲ相乗ジ、之ヲ三ビシテ相消シテ、

である。

ここで述べた未知数の消去法は『発微算法』で多用される技法で、『発微算法』の主要な方法論といってもよい。このような未知数消去法は後に未知数の次数が四次以上の場合についても模索され、三乗冪演式《べきえんしき》、四乗冪演式、というような名称で最終的に七乗冪演式まで進んだ。

未知数消去の理論（二）

未知数の消去理論に関して、関は『発微算法』で示したものとは別の方向も探り、輝かしい成果をあげた。それは今日の行列式の展開式と同等の式を得たことで、『解伏題之法』に見ることができる。『解伏題之法』は一六八三年重訂とあるから、それ以前に書かれたものである。その詳細は省くが、要するに、ある未知数に関するm次、n次（$m \geqq n$としておこう）の二つの方程式が得られたとき、これから$m-1$個の$m-1$次の方程式を作り、それらの方程式系から未知数を消去するアルゴリズムを得たのである。その結果は（三元一次の連立方程式の場合までは）、今日でいう係数行列の行列式に等しい。

関は帰納的に一般論を推測したが、実際には五次の場合の結果式は誤っていた。そのことは後

に菅野元健《すがのもとたけ》の『補遺解伏題生剋篇』（一七九八年）や石黒信由《のぶよし》の『交式斜乗逐索』（同年）によって指摘された。また、井関知辰《いぜきともとき》は一六九〇年に『算法発揮』を刊行し、ここで今日とまったく同じ行列式の展開法を示した。この『算法発揮』は行列式の展開公式を述べた世界で最初の刊行書であった。

ところで今日の線型代数学では、行列式は正方行列の集合から実数の集合への関数として定義され、その第一の応用として多元一次の連立方程式（未知数が複数あるが、どの未知数も一次の連立方程式）の理論が挙げられる。関が得たのは行列式の展開式そのものであって、行列式ということを意識していないことに注意しておきたい。また関をはじめ、当時の数学者が処理することになった連立方程式は多元の高次連立方程式（未知数が複数で、それぞれの未知数の次数が二次、三次、四次……というように高次である連立方程式）であったことにも注意しておくべきである。我々は教科書で整理された簡潔な理論を学ぶが、教科書で学ぶ順に数学が発展してきたわけではない。むしろ、そのような例は稀であろう。

一般論

関の数学で注目すべきことは、関が一般論を展開しようとしたことである。当時、多くの数学者が個別の問題を解くことに専念していたなかで、関は個別の問題群から解法の一般化を図ろうとした。たとえば、「一辺の長さが一の正三角形に内外接する円の直径はどのくらいか」という問題があったとき、関は一辺が一の正方形の内外接する円の直径はどうなるか、一辺が一の正五角形の場合はどうか、正六角形の場合はどうか、と考えてゆき、一般に正n角形に内外接する円の直径を求めようとした。

もう一例を挙げれば、関は1からnまでのそれぞれを何乗かしたものの和、

$$1^p + 2^p + 3^p + \cdots\cdots + n^p$$

を求める一般公式を求めようとした。pが1、2、3の場合は現在、高等学校の数学の教科書に載っている。一般の場合を求めようとすると、今日ベルヌーイ数と呼ばれる数列が現れる。ヤコブ・ベルヌーイ(Jakob Bernoulli〔一六五五〜一七〇五〕)は *Ars Conjectandi*(『推測術』)という本のなかでそれを述べているが、この著作はベルヌーイの没後、一七一三年に刊行されたものである。一方、関がベルヌーイ数を述べた『括要算法』もまた関の没後、一七一二年に刊行された。ほぼ同時期に刊行された著作に同様の結果が含まれているのは歴史の偶然である。日本では最近「ベルヌーイ数」を「関・ベルヌーイ数(Seki-Bernoulli number)」と書いている論文を見かけるようになった。

また、問題を方程式で表して解く場合、二次方程式なら一般に解が二個ある。幾何学の問題なら、その内の一つは題意に適しているが、もう一つは別の図形に関する解であったり、負の数に

なって意味のないときもある。このことを関は深く考えた。当時、方程式というものは個別の問題を解く途中に現れる道具にすぎないと考えられ、それ自体は研究対象でなかったのに対して、関は方程式そのものを考察の対象とした。慧眼の士であったというべきである。方程式そのものは現実的な意味を持っていない。たとえば、具体的な問題を述べずに、いきなり二次方程式、

$$ax^2 + bx + c = 0$$

が与えられて、これは何かと聞かれたら困るであろう。関がこれを考察の対象としたということは、端的にいえば解法の抽象化であり、それは数学の抽象化といってもよい。数学は抽象的な学問だといわれるが、関はまさに現代にも通じる数学者であった。抽象的に考え、本質を掴み取ろうとしていたのである。いささか横道にそれるが、大学紛争が盛んであった一九七〇年代、大学の教授会で議論が紛糾しているとき、数学者の吉田耕作先生は「抽象的にわかりやすく話してくれませんか」と発言した。[*13] 数学者には一貫した感性がある。もっとも、それで真実がすべて明らかになるわけでもないが……。

関は多くの具体例を丹念に計算し、そこから本質を見出そうとしていた。当時、このような姿勢を示していた数学者は他にいなかった。「当時」どころか、江戸時代全体を通しても稀有な存在であった。この点で、関は時代を抜きん出ていたのである。

円周率の計算

日本には、古くからいろいろな円周率の近似値が知られていた。特に小数値としては3.16がよく用いられていた（この値はほぼ$\sqrt{10}$に等しい）。しかしその根拠は正確には知られていなかったようである。日本でこれを初めて計算によって確かめたのは村松茂清であった。『荒木彦四郎村英之茶話』には、村松は「水戸光圀に仕えた平賀勘右衛門保秀の門人で、後に播州赤穂の城主浅野内匠頭《たくみのかみ》に仕えた」とある。水戸光圀や浅野内匠頭といった有名な人物が登場するが、真偽はわからない。それはともかく、村松は『算俎』において円周に内接する正多角形の周長を正四角形、正八角形、正一六角形というように順に計算していき、最終的に正三二七六八（二の一五乗）角形の周長として、

3.141592648777698869248

を得た（この値は小数第7位まで正しい）。そして次のように、円周率は3.14であると述べている。

円周率に関しては日本でも中国でもいろいろな説があって、その中には正しいものも誤ったものもある。東漢の蔡氏という人は直径が一のとき周は三と円周率を述べた。これは古法と

呼ばれ、古代の人々は長い間この円周率を用いていた。晋の孟氏、魏の劉徽は直径一のとき周3.14と述べ、宋の胡氏は直径一のとき周3.1432余りとした。さて、ここに宋の祖沖之という人が円周率を改良して直径一のとき、周3.142857余りを求めて以来、ずっと皆この値を用いてきた。沖之の方法の根拠はわからないが、今ここに示した図による方法に近かったと思われる。これらのことを考え合わせて、円周率は3.16をやめて3.14を採用すべきである。

村松の方法は三平方の定理（ピタゴラスの定理）を繰り返し用いて計算する素朴なものではあったが、とにかく数理的な根拠を持って円周率を述べた日本で初めての成果であった。

関は村松同様に正四角形から順に正一三一〇七二（二の一七乗）角形まで順に計算し、これから、

$$s_{16}+\frac{(s_{16}-s_{15})(s_{17}-s_{16})}{(s_{16}-s_{15})-(s_{17}-s_{16})}=3.14159265359\text{ 微弱}$$

という計算をした。ここで、s_{15}, s_{16}, s_{17}はそれぞれ順に正二の一五乗角形、正二の一六乗角形、正二の一七乗角形の周長である。これらの計算をコンピュータで再現すると小数第一八位まで正しい値が得られるが、関はこれを小数第一一位まで述べている。以上の計算は関の没後に刊行さ

れた『括要算法』に書かれている。

関がどのようにしてこの計算式に至ったのかはよくわからない。しかし、この式は次のように解釈できる。この式（左辺）の分母と分子とを $s_{16}-s_{15}$ で割ると、

$$s_{16}+\frac{s_{17}-s_{16}}{1-(s_{17}-s_{16})/(s_{16}-s_{15})}$$

となる。これは、

$$s_{16}+(s_{17}-s_{16})+(s_{18}-s_{17})+\cdots\cdots$$

の第二項目以降を、初項 $s_{17}-s_{16}$、公比 $(s_{17}-s_{16})/(s_{16}-s_{15})$ の無限級数と見て、その和を求めた形である。

関の計算式は当時よく理解されていなかったようで、松永良弼《よしすけ》（?〜一七七四）は『起源解《きげんかい》』という本のなかで三通りの説明をしている。しかしこれらは後からつけた説明で、関がどのように考えたのかは指摘していない。

ところで、関は小数表示の円周率に続いて、これを分数で近似している。その方法は、一分の三（すなわち三）からはじめて、その値が先に求めた円周率の値より大きければ分子に三、小さ

ければ分子に四を加え、分母には常に一を加えるというものである。本章冒頭写真の表はその計算の最初の部分である。ここで「周率」とは円周率を分数で近似したときの分子、「径率」とはその分母のことである。ちなみに江戸時代には3.14……を円周率とは呼んでいなかった。

冒頭の写真を見ると、表の欄外に「古法」(3/1)、「密率」(22/7)、「智術」(25/8)という名称が見える。この表はさらに続き、その途中に「桐陵法」(63/20)、「和古法」(79/25)、陸績率(142/45)、徽術(157/50)という名称が書かれている。当時、多くの近似分数が知られていたことがわかる。その多くは中国から伝わったものであるが、「和古法」というのは日本古来の近似分数ということであろう。関以前にはこれらの近似分数がどのように得られるのかを説明できる者はいなかったと思われる。関はそれらを一挙に、すべてを示して見せた。分母を一ずつ増加させるのは一見すると迂遠に見えるが、すべてを一覧できるという点では自然なのである。表は最後に355/113を得て終わる。355/113 = 3.141592……である。これは小数第五位まで正しい。関はこの後も表を続けたが、精度が上がらないことからここで計算を止めた。実際、355/113は非常に精度がよく、精度を挙げるためにはさらに一万六〇〇〇回以上計算を続けなければならない。

『大成算経』

『大成算経』は関孝和と建部賢弘、建部賢明の共著ということになっている。しかし現在見ることのできる『大成算経』は、一旦完成した『算法大成』一二巻を建部賢明が全二〇巻に増補修訂したものである。その経緯は、建部賢明が著した『建部氏伝記』に次のように述べられている。

日本、中国の数学書は非常に多いが、未だに釈鎖（解法）の奥深いところを尽くしていないことを残念に思い、三名が相談して、天和三年［一六八三］の夏以来、賢弘を中心として、各々が新たに考えたところを全部著し、これまでの方法を網羅して、元禄の中頃［一六九六］までにこれを編集した。全十二巻を『算法大成』としそのまま書写したが、（賢弘は）事務多忙の官吏となられ、自らその細かい点を究めることができなかった。孝和も又老年の上、この頃は病気がちで熟考することができなかった。そこで同十四年［一七〇一］冬より、賢明が仕事の合間に自ら考えること十年、広く考え詳細に注釈を施して二十巻とし、『大成算経』と命名し、自分で草書し終わった。この書は天和の末［一六八三］に始めて宝永末［一七一〇］に終わった。一篇ごとに校訂すること数十度であった。そのように努力したため、合わせて二十八年の歳月を得て完成した。しかし元来隠逸して一人楽しむ傾向にあるから、自分が有名になることを好まず、その名を隠して徳を隠すことが本意である。よって自分の仕事、業績はすべて賢弘に譲り、自らは痴人と称した。

「自分の仕事、業績はすべて賢弘に譲り、自らは痴人と称した」とはいわずもがなではあるけれど、賢明は一六八三年から一七一〇年まで実に二八年間にわたって、数十度の校訂を繰り返し全二〇巻の大著を完成させたのであるから、その努力、忍耐力には大変なものがあった。今、全二〇巻の構成を一覧しておこう。

第一巻　五技（加、減、因乗、帰除、定位、商除、開方）
第二巻　雑技（相乗、帰除、又（別法）、開方）
第三巻　変技（加減、乗除、開方）
第四巻　三要（象形、満干、数）
第五巻　象その一（互乗、畳乗《じょうじょう》、垜積《だせき》）
第六巻　象その二（之分、諸約、翦管《せんかん》）
第七巻　象その三（聚数《しゅうすう》、計子、験符）
第八巻　日用術、その一（穀類、金類、銀類、銭類、服類、舂耗《しょうもう》、税務、数量、運賦、利足、送輸、互換）
第九巻　日用術、その二（差分、均分、逐倍、盈朒《えいじく》、方程、堆積）
第一〇巻　形法その一（方、直、勾股、斜）
第一一巻　形法その二（角法、角術）
第一二巻　形率（円、弧、立円、球欠）

第一三巻　求積（平積、立積）
第一四巻　形巧その一（截、折、容）
第一五巻　形巧その二（載、繞《じょう》）
第一六巻　両儀（全題、病題、実術、権術、偏術、邪術）
第一七巻　全題解（見題、隠題、伏題、潜題）
第一八巻　病題定擬（転題、繁題、層題、反題、虚題、変題、翳《えい》、散題）
第一九巻　演段その一（隠題例、伏題例）
第二〇巻　演段その二（潜題例）

関の著作とされているものはほぼこれら二〇巻に含まれている。実際、一覧すると次のようになる（上段が関の著作、下段が『大成算経』での巻数）。

『開方翻変之法』（一六八五年）　巻三
『開方算式』　巻三
『括要算法』巻元（一七一二年）　巻五
『括要算法』巻亨（一七一二年）　巻六
『方陣之法・円攅之法』（一六八三年）　巻七

『算脱之法・験符之法』（一六八三年）巻七
『括要算法』巻利（一七一二年）巻一一
『括要算法』巻貞（一七一二年）巻一二
『求積』巻一三
『毬闕変形草』巻一三
『題術弁議之法』（一六八五年）巻一六
『解隠題之法』（一六八五年）巻一七
『解伏題之法』（一六八三年）巻一七
『病題明致之法』（一六八五年）巻一八

『建部氏伝記』によれば、関孝和、建部賢弘、賢明ら「三名が相談して、天和三年〔一六八三〕の夏以来、賢弘を中心として、各が新たに考えたところを全部著し……全一二巻を『算法大成』としそのまま書写した（「粗是を書写せし」）」とある。『括要算法』を除く写本が一六八三年、一六八五年に著されているのはそれを裏付けている。『括要算法』は関の没後、荒木村英らがその遺稿を集めて刊行したものである。そのため他とは年記がずれているが、その遺稿はあるいは一六八三年から一六八五年頃の執筆かもしれない。関が書いたこの稿本はまず『算法大成』の一部として書写され、それとは別に関の没後『括要算法』として刊行されたことになる。

この一覧表のなかで『開方算式』『方陣之法・円攢之法』『算脱之法・験符之法』『求積』『毬闕変形草』『解隠題之法』はそのまま『算法大成』に収録され、その他は修訂されている。[*14] すなわち、これら六つの著作はまず『算法大成』に書写収録された後、そのまま『大成算経』にも収録され、残りは建部賢明が一七〇一年冬以降修訂して『大成算経』に収録したと考えられる。関の著作が『大成算経』の巻三、五、六、七、一一、一二、一三、一六、一七、一八に集散しているのは賢明の修訂の跡を感じさせる。現在『算法大成』を見ることができないのは残念である。『大成算経』は大著であり、また関や建部の数学を考える上できわめて重要な著作である。そのため現在でも精力的に研究されている。[*15]

＊1 以下、佐藤賢一『近世日本数学史』（東京大学出版会、二〇〇五年）、上野健爾・小川束・小林龍彦・佐藤賢一『関孝和論序説』（岩波書店、二〇〇八年）他に基づく。特に関の甲府藩士としての仕事などについては真島秀行「関孝和三百年祭に明らかになったこと」『数学史研究』第二〇〇号（二〇〇九年）五～一五ページ、同「『甲府日記』と『甲府御館記』にみえる関新助孝和」『数理解析研究所講究録』第一六七七巻（二〇一〇年）四七～五八ページ、同「関新助孝和の履歴について―ある甲府分限帳の記載について―」『数学史研究』第二〇四号（二〇一〇年）三六～四五ページ、また城地茂『日本数理文化交流史―関孝和と『楊輝算法』―』（致良出版、二〇〇五年）、同「関孝和の数学と勘定方の住居―『楊輝算法』『甲府様御人衆中分限帳』『御府内沿革図書』と『諸向地面取調書』にみる幕臣の感性―」『数理解関研究所講究録』第一六二五巻（二〇〇九年）一六〇～一

七九ページに詳細な研究がある。

＊2　五味文彦・鳥海靖篇『もう一度読む山川日本史』（山川出版社、二〇〇九年）一七七ページ。二〇一六年検定、二〇一八年発行の現行教科書、笹山晴生・佐藤信・五味文彦・高埜利彦『改訂版詳説日本史B』では

儒学の発達は、合理的で現実的な考え方という点で他の学問にも大きな影響を与えた。新井白石は『読史余論』を著し、朝廷や武家政権の推移を段階的に時代区分して独自の歴史の見方を展開した。

自然科学では、本草学（博物学）や農学・医学など実用的な学問が発達し、貝原益軒の『大和本草』、宮崎安貞の『農業全書』などが広く利用された。また、測量や商売取引などの必要から和算が発達し、関孝和は筆算代数式とその計算法や円周率計算などですぐれた研究をした。

となっている（二一五ページ）。途中で改行されているため、「合理的で現実的な考え方」が自然科学には及んでいないようにも読める。

＊3　真島秀行「『甲府日記』と『甲府御館記』にみえる関新助孝和」『数理解析研究所講究録』第一六七七巻（二〇一〇年）七七ページ。

＊4　通常「ちょうりん」と呼ばれる。

＊5　三上義夫「川北朝鄰と関孝和伝」『史学』第一二巻第一号（一九三三年）一三三ページ。

＊6　同「『甲府日記』と『甲府御館記』にみえる関新助孝和」『数理解析研究所講究録』第一六七七巻（二〇一〇年）五〇ページ。

＊7　佐藤、真島、城地の前掲著作、論文による。

＊8　上野健爾・小川束・小林龍彦・佐藤賢一『関孝和論序説』（岩波書店、二〇〇八年）四七〜五九ページ。

＊9 以下、城地茂「関孝和と山路主住の接点—『甲府城内御金紛失役人御仕置一件』にみる関家断絶」『数理解析研究所講究録』第一五一三巻（二〇〇六年）七八～九〇ページによる。

＊10 荒井千里・森継修一「古今算法記遺題の数値解について」『数理解析研究所講究録』第一五六八巻（二〇〇七年）八七～九三ページ。これによれば解は二通りあるが、いずれも図の大小関係と合わない。

＊11 この部分は佐藤賢一『近世日本数学史』（東京大学出版会、二〇〇五年）二七二ページに従ったが、「無伝無術」をどう読むべきかよくわからない。荒井・森継前掲論文は、$i+j+k=12$ かつ $k^2>j^3>k^4$ を満たす自然数の組は（7,3,2）、（8,3,1）、（9,2,1）の三組しか存在せず、このうちの（7,3,2）を用いて甲、乙、丙の一辺の長さを順に49、27、16として原文に近い数値をもつ関係式を探すと、

$$\begin{cases} 甲積 + 乙積 = 137\underline{332} \\ 甲積 + 丙積 = 1217\underline{45} \end{cases}$$（下線部のみ原文と異なる）

が見つかると指摘している。

＊12 このことを最初に述べたのは小松彦三郎先生であったと思うが、書かれたものは未見である。

＊13 小松彦三郎「もう少し分かり易く抽象的に話をしてくれませんか」（草稿）

＊14 佐藤賢一『近世日本数学史』（東京大学出版会、二〇〇五年）三一二ページ。

＊15 『大成算経』が集中的に研究されたのは二〇一二年でその報告は「『大成算経』の数学的・歴史学的研究」『数理解析研究所講究録』第一八三一巻（二〇一三年）にまとめられている。これ以降『大成算経』に関する研究集会は開催されていない。なお『大成算経』の一部の巻は英訳されている。Hosking, R., Ogawa, T., and Morimoto, M., Volume One of the Taisei Sankei: English Translation and Commentary, *SCIAMVS* 20 (2019), 31-118, Ogawa, T. and Morimoto, M., Methods for a circle, Volume

12 of the Taisei Sankei, in *Mathematics of Takebe Katahiro and History of Mathematics in East Asia, Advanced Studies in Pure Mathematics*, 79 (2018), 361-412, Morimoto, M. and Fujii, Y., The theory of well-posed equations, Volume 17 of the Taisei Sankei, in *Mathematics of Takebe Katahiro and History of Mathematics in East Asia, Advanced Studies in Pure Mathematics*, 79 (2018), 413-486, Morimoto, M.and Fujii, Y., The fifteen examples of algebraic equations, Volume 19 of the Taisei sankei, in *Mathematics of Takebe Katahiro and History of Mathematics in East Asia, Advanced Studies in Pure Mathematics*, 79 (2018), 487-548.

第三章　関流の数学——研究の組織化

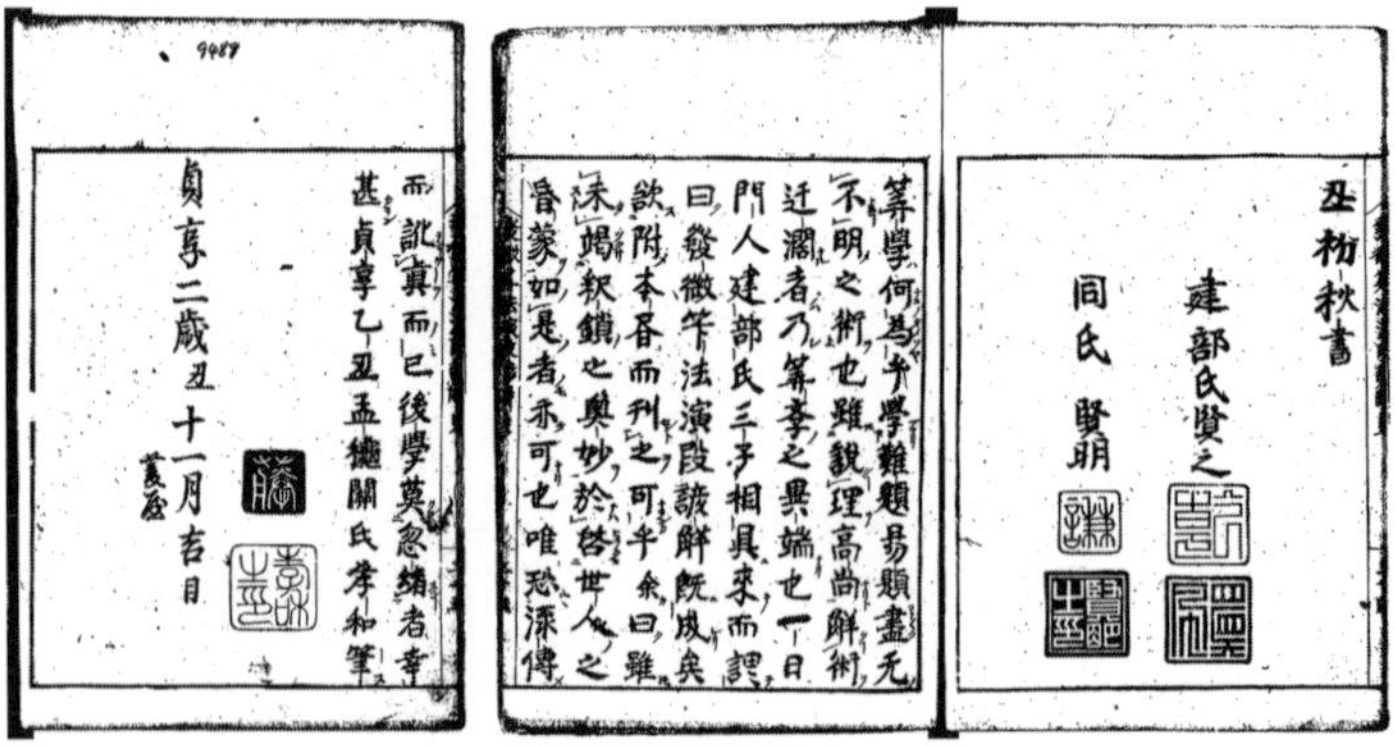

『発微算法演段諺解』（東北大学附属図書館・狩野文庫7.20571）跋部分　関孝和は『古今算法記』の遺題を解いて『発微算法』を刊行した。しかし難解だったため、なかなか理解されず批判さえ招いた。それに憤慨した門人の建部兄弟が解答の詳細をまとめたのが本書である。本書によって関の数学の方法は広く知られ、近世日本の数学は大きく発展することとなった。この跋文は関が建部兄弟に請われて書いたもの。

江戸時代の人々が数学を学ぶ場合、家庭や寺子屋での初等的な段階を終えた後は、数学を教授する師匠の下に入門するのが普通であった。数学には幾つかの流派があり、大抵の師匠は何かしらの流派に属していた。流派といえば、家元制度を思い浮かべるであろう。現在でも、華道、能楽、茶道、邦楽、舞踊など、家元、宗家制度を採っているものは多い。数学においては、関孝和を開祖とする「関流」が江戸時代を通じて最大の流派であり、「関流」をうたった書物も多数残されている。関流の確立した時期はなかなか確定できないが、おおよそ山路主住《やまじぬしずみ》（一七〇四～一七七二）の頃だと考えられている。関流は初伝・荒木村英《むらひで》（一六四〇～一七一八）、二伝・松永良弼《よしすけ》（?～一七四四）、三伝・山路主住と伝えられているから、三伝の時代に関孝和まで遡って確立されたことになる。本章ではこの関流について考えてみよう。

第一節　関流を考える

関流以前

数学が流派を形成する以前、すでに有力者の周りには門人が集まり、集団としての意識が芽生えていた。ここでは流派誕生の前史として、『発微算法』をめぐって繰り広げられた論争を見てみよう。

すでに述べたように、関は『古今算法記』の遺題一五問を解いて『発微算法』を刊行したが、解を得るための方程式が述べられているだけであった。しかもそれらの方程式は次数が高かったから、読者も——おそらく関自身も——その数値解を実際には得ることができなかった。関やその周囲の者は方程式を得る方法が合理的で正しいことを知っていたが、それは公開されていなかった。そうなると、得られた方程式が実際には解けない以上、読者はその方程式が正しい解を与えているのかどうか判定しようがない。批判する者が現れたのは当然の成り行きであった。

その典型が、佐治一平門下の松田正則編『算学詳解』(一六八〇年序)である。『算学詳解』は池田昌意の『数学乗除往来』(一六七四年)の遺題四九問を解くと同時に、『発微算法』に誤りが多いとして、『古今算法記』の遺題を解きなおしているのである。序文には、

> 今『発微算法』に『古今算法記』の一五問の解答が見える。しかしその理、術はわずかが可で、大半は未だ可でないから、これを訂正する。

とある。「理」とはこの場合「考え方」、「術」とは「計算法」である。

このような批判にもっとも敏感に反応したのが関の高弟、建部賢明、賢弘、賢之《かたゆき》の三兄弟であ

った。特に賢弘は『算学詳解』に解かれた『数学乗除往来』の遺題にむしろ誤りが多いことを確認して、自ら解きなおし、一九歳にして『研幾算法』(一六八三年)を著した。その序文には、

佐治の解答の多くは荒唐無稽、でたらめである。

と述べられているから、『研幾算法』が『算学詳解』を意識して書かれたことは明らかである。さらに建部三兄弟は『発微算法』の解説書を書き、それを『発微算法演段諺解』として刊行した。『発微算法演段諺解』に関が寄せた跋文には、

数学は何のためのものかといえば、難問、易問すべてを解いて明らかにする術を学ぶためのものである。その説く理が高尚であっても、実際に問題を解くことのできない者は数学の異端である。

ある日、門人の建部氏三兄弟が揃って来て、「すでに『発微算法演段諺解』が完成しました。『発微算法』に付してこれを刊行してもよろしいでしょうか」といった。私は「まだ解法の深いところを尽していないが、世の人々の混迷を啓蒙するためにこのような書もまたよいかもしれない。ただ、本書が広まり却って真実が誤られるのではないかと恐れるだけである」と返答した。これから学ぶ人が本書の内容をおろそかにしなければ幸いである。貞享二

年秋関氏孝和しるす。

と、刊行の経緯が生き生きと記されている。貞享二年は一六八五年である。

ここで「本書が広まり却って真実が誤られるのではないかと恐れる」というのは、自分の新しい方法が正しく理解されるかどうかを心配しているのである。そもそも関は、自らの数学の方法の公開には消極的であった。それに対して門人の建部三兄弟の公開の意思には並々ならぬものがあった。というのも、『発微算法』の刊行を勧めたのもこの三人だったからである。正確にいえばこの三人だったと断言できる根拠はないのだが、その可能性は高いと思われる。関は『発微算法』の序文に、

（前略）私は数学をこころざし、数学に秘められたかすかな意味（微意）を明らかにし（発し）、『古今算法記』の遺題に解答をつけて、それを隠して外見しないようにしていた。ところが門下の者が「ぜひ出版してそれを広く教示してください、そうすれば初学者の役に立つこともありましょう」というので、文章、道理の拙さも省みず、求めに応じることにして、『発微算法』と名づけた。その解答の流れは大変精密で、文も煩雑で、読者に混乱を与えるから省略する。（後略）

と述べている。つまり、関はもともと『発微算法』を刊行する意図を持っていなかった。『発微算法演段諺解』への跋にもあるように、それは「まだ解法の深いところを尽していない」ためであった。自らが得た解に満足しておらず、さらに別の方法を探っていたのかもしれない。ところが門弟が「ぜひ出版してほしい、そうすれば初学者の役に立つでありましょう」と請うので、これを出版したのである。ところがその『発微算法』が批判されることとなってしまった。それで慌てたのが建部三兄弟（あるいは彼らを含む門弟達）ではなかったか。師である関に出版を請い、その結果、師の著述が批判されたとあっては、申し訳が立たない。そこで、今度は詳細な解答の出版を試みた。『発微算法演段諺解』が出版されて、関の傍書法が公開され、（関がそれを望んだかどうかは別として）近世日本の数学の方法論が確立したのであるから、この成り行きは大きな契機を画すものであった。

一七世紀後半にはこのように数学の研究に関して師匠・門弟関係にもとづく集団が各地に形作られており、ここに述べたような軋轢も生じつつあった。このような個人的な集まりが、次第に体制を整えて、流派を形成することになる。

関流の確立

個人的なつながりに基づく教授関係は、規模が大きくなってくると難しくなる。師匠一人がすべての者に指導することには限界があるからである。この場合、一定のレベルまで進んだ者を指導者群として機能させようとすると、何を、どのように教えるかという点について全体の合意が必要となってくる。これを実現するものが、すでにいろいろな分野で存在していた「流派」であった。それぞれの流派では易しいものから難しいものへと段階を踏んで習得させ、さらにいくつかのレベルを用意して、そのレベルに達したことを証明する免許状を発行する。数学の世界もこの構造をそのまま利用したのである。この「流派」という教育機構は教育上きわめて効果的であるとともに、数学の師匠という職業の誕生を促した。

山路主住が藤田貞資《さだすけ》（一七三四～一八〇七）に授けた免許状（一七四四年）は、

見題免許状、隠題免許状、伏題免許状、別伝免許、算法印可状

の五段階からなり、それぞれに修了と認められた科目の目録が記されている。最初の見題免許状から取り出してみると、

首巻（河図、洛図、三成、太極、四象、大数、小数、諸率）、算法草術、加減乗除之法、開徐法、九章、平垜《へいだ》解術、円法玉率及弧矢弦玉欠論、諸法根源、算法慎始、統術、点竄《てんざん》、籌策《ちゅうさく》、一算盈縮《えいしゅく》、之分法、統術解、同秘伝、同目録之解、単伏点竄、再乗和門、総括

となっている。これだけを見ても何のことだかわからないかもしれないが、要するに学ぶべき項目が、今日でいうところの単元として整理されていたのである。これらを学ぶための教科書群も整理されていたはずだが、それらに関しては現在不明な点も多い。

『関算四伝書』

教科書群が不明なため、関流といっても必ずしも全体像が明確な訳ではない。しかし、その全貌を明らかにするヒントとなりそうな一組の書物群が残されている。仙台藩士であった戸板保佑《やすすけ》(一七〇八〜一七八四)が編纂した『関算四伝書』である。[*1] これは全五一一冊からなる、文字通り関流数学の集大成である。戸板はもともと暦算家であったが、宝暦の改暦に際して京都に派遣され、そこで山路主住から関流の数学を学び、後にこれを集大成した。

『関流四伝書』は、関流という名の下に著された著作をもっとも広範に収載している。江戸時代の多くの人々が「関流」と聞いて思い浮かべる数学のイメージは、この『関算四伝書』のイメージに含まれる。しかし、これらが実際の教科書だったかどうかはわからない。

『大成算経』の写本群

師匠のもとに入門して数学を学ぶ一番の目標は、平面図形や立体図形に関する問題を作成して、それを門人間で互いに鑑賞し合うことであった。いわば数学は習い事、芸事であり、それは江戸時代を通じて変わらなかった。江戸時代に刊行された数学書の大半はそのような平面幾何や立体幾何に関するものである。この点から見ると関、建部賢弘、賢明による『大成算経』は教科書としてはまったく不適当だった。それにもかかわらず現在、二〇本を超える『大成算経』の写本が残っている。[*2] 問題を作るのに直接役に立たない大著がなぜこれほど何度も写本されたかというと、おそらく師匠級の者が、関流の開祖である関孝和の名で著された『大成算経』を神格化して写したのではなかろうか。関の著作として『発微算法』と『括要算法』は刊本として巷間に知られていたのに対して、『大成算経』は写本しか伝わっておらず、かえってそのため関の著作として神格化されたと思われる。もっとも、これは典拠があっての話ではなく、これもこれからの研究課題というべきであろう。

第二節　関流と最上流の争い

最上流会田安明

流派が生まれてくると、流派間の対抗意識が芽生えるのは世を問わず自然なことといえる。武芸ならさしずめ道場破りといったところであるが、数学の場合はどうであったのか。

この点でもっとも有名なのは、何といっても関流と最上《さいじょう》流の論争であろう。最上流は山形出身の会田安明《あいだやすあき》（一七四七〜一八一七）が創始した流派で、「最上」は会田の故郷の最上川にちなんだ名称である。「もがみ流」なら驚かないが、「さいじょう流」とはまた思い切った名称である。

会田は子供の頃より智慧敏捷で一六、七歳の時には早くも天元術、演段（計算の進め方）の奥旨をきわめたという。会田の『算法天生法発端』（執筆年は不明）の序には、

二、三年の内に余すところなくすべて習得した。

とある。その後、二三歳のとき江戸に出て、代官の下使（普請役）となった。会田は『自在物談』に、

用水配御用というのは雨が続くような年は暇で、ただ遊び暮らしていればよい。私は毎年この御用を仰せつかり、春の末より秋まで数学を考え楽しく過ごしていた。……反対に日照りが続く時は昼夜駆け回るのが普通であるが、私はそのようなこともなく、いつも暇で、数学を楽しんで暮らしていた。

と、夢のような生活を送っていたことが記されている。ところが一七八七年、徳川家斉が一一代将軍になったのに伴い役人の交代が行われた折、会田は職を免じられてしまった。このとき全体で普請役四、五〇人が職を免じられたという。ときに会田は四一歳であった。会田の『自在物

談』には、

「高木は風に倒れ」「出る杭は打たれる」のたとえの通り、私は下級であるにもかかわらず一所懸命人よりも努力をして勤めたため、大勢のなかには佞人《ねいじん》も多く、私を嫉み、憎むものも多かった。彼らはこの機会を利用して、気に入らない者を讒言《ざんげん》したため、五〇人の中にはすぐれた者も多かった。

いる。

と憤慨している。先ほどの「遊び暮らして」とは矛盾するようだが、さらに次のようにも述べている。

そういえば、江戸に出て二〇年になる。もともと江戸に出たのは立身出世のためではなく、数学を学ぶためであった。しかし貧乏では生活ができず、暇を作ることもできないから、倹約に努め、仕事も一所懸命勤めたのである。これもひとえに数学に専念するためであった。年が経って、今では貯えもできた。今回、罪もなく大勢に混じって暇な身となってしまったのも、天が私の思いを憐れんでのことであろう。生涯の本望を達すべきときが至った今こそ、天を拝し、地を拝し大いに喜び、これよりは日夜少しも怠りなく、数学の研究に励んだ。

これはいささか負け惜しみに聞こえなくもないが、安明はとにかくこれ以降、亡くなるまでの三〇年間、官に就かず、数学の研究に心を尽くした。会田は生涯のうちに『当世塵劫記』『改精算法』『算法古今通覧《さんぽうここんつうらん》』『算法天生法指南《さんぽうてんしょうほうしなん》』などの刊本（印刷された本）の他に膨大な数の稿本（手書きの原稿本）を残した。さらに数学書の他にも評林（評論集）二〇巻を著すなど、確かに博覧強記の人であった。

関流と最上流の論争

関流の数学者、藤田貞資は一七七九年に刊行した『精要算法《せいようさんぽう》』によって当時第一級の数学者といわれていた。会田もまた藤田を高く評価しており、「この人は天地開闢《かいびゃく》以来の名人」で、『精要算法』は古よりこれまでの数百巻の数学書で随一である」と祖父に書き送っている。しかし会田は『精要算法』のなかのある問題について、異議を唱えた。それは上巻の第二二問で、内容は次の通りである。

貯金があって、これで九斗五升が一両の米を買い、四斗五升の俵に詰めると一斗五升余り、一石一斗二升が一両の米を買い、三斗八升の俵に詰めていくと六升余る。このとき貯金は何両か。

これは翦管《せんかん》と呼ばれる不定方程式の分野の問題である。今、貯金をx両とすると、（1両で95升の米が買えるのだから）買った米の総量は$95x$升である。詰め終わった四斗五升の俵の数をyとすると米の総量は$45y$升で、余りが15升だから、

$$95x - 45y = 15$$

また、詰め終わった三斗八升の俵の数をzとすると、米の総量は$38z$升で、余りが6升だから、

$$112x - 38z = 6$$

である。これら二つの方程式を解けばよいが、未知数が三つあるから、答えが何通りもある（このように答えが一つに決まらない方程式を不定方程式という）。

さて、これらの式からxを消去すると、

$$5040y - 3610z = -1110$$

となるが、これらの式の係数は約分できる。このように約分できる問題は（教育的見地から）よ

くない、と友人でありまた藤田の高弟でもあった神谷定令《かみやていれい》に見せた。これに対して、神谷の返事は「それは『約せるときには約しなさい』という初学者のための配慮である」というものであった。この返事に納得しなかった会田は『改精算法』（一七八五年序）を刊行し、これに対して神谷は『非改精算法』（一七八六年）で改めて反駁《はんばく》した。こうして最上流の会田と関流の藤田・神谷組との論争が刊本（印刷本）、草稿（原稿）を介して始まった。それらを発表順に列挙すると、

	藤田『精要算法』（一七七九年）
鈴木『改精算法』（一七八五年序）	神谷『非改精算法』（一七八六年）
鈴木『改精算法改正論』（一七八六年）	
会田『解惑算法』（一七八八年）	藤田『非改正論』
	藤田『非解惑算法』
	神谷『解惑弁誤』（一七九〇年）
会田『算法廓如』（一七九七年）	神谷『撥乱算法』（一七九九年）
会田『算法非撥乱』（一八〇一年）	神谷『福成算法』（一八〇二年）
会田『掃清算法』（一八〇六年）	

というような具合である（上段が最上流、下段が関流）。『改精算法』から『掃清算法』までおよそ

二〇年にわたる応酬であった。なお、最初に鈴木とあるのは、会田が江戸で幕臣の株を買い鈴木姓を名乗ったからである。

論争が始まって五年ほど経過した頃、神谷が『解惑弁誤』において、会田が入門を希望した時の経緯を、

安明はわが先生の下に入門しようとしたが、先生は「安明が愛宕山に掛けた算額は正しくない。これを謙虚に改めるならば、入門を許そう」といわれた。しかし安明はいうことをきかなかった。

と暴露した。神谷はもともと会田と同じ普請役で、両者は旧知の間柄であった。会田はこの神谷を頼って入門しようとしていたのである。しかし神谷の暴露に対して、会田は『算法廓如』で、

私が何で貞資のごとき愚かな者に入門などすることがあろうか。貞資を尋ねたのは彼が賢いか愚かなのかを試そうとしたからである。

といい放った(といっても『解惑弁誤』による暴露からは七年が経過しているのであるが)。その後、論争は罵詈雑言の応酬も含みつつ、さらに一〇年続いた。

神谷のいう愛宕山の算額とは次のような問題であった。

金二一三八両二分、永楽銭一三三文で、米二三三五石五斗を（何回かに分けて）買う。ただし、米の量は毎回二石八斗ずつ減らし、米一石あたりの値段は毎回一七文ずつ減らす。米一石あたりの値段の合計は金一三両二分銭一五〇文である。一石の値段と最初の米の石数はいくらか。

これは先ほどの『精要算法』の問題よりもさらにわかりにくい。まず、米を毎回二・八石ずつ減らしながら2335.5石を買う。すなわち、最初に買う米の石数をx、買う回数をn回とすると、

$$x+(x-2.8)+(x-2\times2.8)+\cdots\cdots+(x-(n-1)\times2.8)=2335.5$$

である。ここでもう一つ条件があって、一石あたりの支払いについて毎回一七文ずつ減らしてゆき、総額を13650文とする。すなわち、最初の支払いを一石y文とすると、

$$y+(y-17)+(y-2\times17)+\cdots\cdots+(y-(n-1)\times17)=13650$$

で、全体の代金が、

$$xy+(x-2.8)(y-17)+(x-2\times 2.8)(y-2\times 17)+\cdots\cdots+(x-(n-1)\times 2.8)(y-(n-1)\times 17)=2138633$$

というのである。

会田はこの問題の解答のなかで、「四二〇〇を乗ずる」（乗四千二百）というべきところを、「四二〇〇位を進む」（進四千二百）と書いたのである。単純な誤りなのか、故意なのか不明であるが、この部分を藤田は指摘した。

先ほどの会田の指摘もこの藤田の指摘も枝葉末節、実に些細なことである。会田も藤田も、その実力を考えれば、互いに相手の解答を完璧に理解していて、必要ならそれをどのように訂正すればよいのか知っていた。会田が入門の意志を示した時期は不明で、会田の『精要算法』批判と藤田の「愛宕山算額」批判とは、どちらが先だったか明確でない。しかし、両者が互いに自らの実力を誇示しておきたいと思ったことは確かであろう。そして、互いのプライドによるボタンの掛け違いが二〇年以上にわたる論争を生むこととなった。[*3]

第三節　数学にとって流派とは何であったか

家元制度

岡専吉は江戸時代における数学の流派として次の二一派を挙げている[*4]（下段は開祖）。

亀井算	百川正次
空一流	徳久好末
中西流	中西正則
宮城流	宮城清行
清水流	清水貞徳
大橋流	大橋宅清
関流	関孝和
小村流	小村松庵
宅間流	宅間能清
大島流	大島喜侍
三池流	御池市兵衛

真元流　武田真元
中根流　中根元圭
小川流　小川廣慶
西川流　西川正休
久留島学　久留島義太
溝口流　溝口林卿
最上流　会田安明
麻田流　麻田剛立
至誠賛化流　古川氏清
規矩流　瀧川有又

それぞれの流派は家元を立て、門弟たちに数学を伝授していった。一般に家元制度の本質として次の四点を挙げることができる。*5

(一)　師弟関係
(二)　連結的ヒエラルキー
(三)　家元の権威化

(四) 擬似家族としての家元制度

(一)の「師弟関係」とは、たとえば弟子は学んだ解釈を勝手に変更できないとか、師匠は弟子を援助し、弟子は師匠に忠実に奉仕するといったようなことがある。(二)の「連結的ヒエラルキー」というのは、その流派の構成員がツリー構造をなしていることを指す。つまり、ある師匠に何人か弟子がいて、その各弟子にまた弟子がいる、というような構造になっており、頂点にいるのが家元である。また、ある構成員の下部構成員は一つのグループを形作っている。そのグループから勝手に出て別のグループに入ることはできない。自分の師匠が気に入らないからといって他の師匠に鞍替えすることはできないのである。(三)の「家元の権威化」というのは、その流派を統制するための権威のことである。権威の行使としては、たとえば家元は門下の者を破門することもできるし、流派内のもめごとの最終判定を下すこともできる。また、師匠が弟子から得た収入の一部は家元へ上納される。家元はこのような権威と秘伝奥伝主義によってそのカリスマ性を次世代へ伝える。(四)の「擬似家族としての家元制度」というのは文字通り、家元制度が家族、親族構造に比することもできる組織だということである。

江戸時代の人々は数学を学んだり研究したりする場として「家元制度」的な組織を作った。それは今日私達が研究会や学会を作ったりするのと同じである。その際、家元制度的な組織作りをめざしたのは、それが当時はもっとも自然だったからである。ところが他の芸道と異なり、数学の場合はいろいろ都合の悪いことがある。たとえば、通常門弟は師匠から学んだ解釈を容易には変更できないが、数学の場合、問題を解くにあたって師匠よりも有効な方法を発見、工夫することは大いにありうる。弟子が型にはまった方法で問題を解く段階では師匠から学んだ手法で解決すればよいが、それでも場合によっては別の解法に気づくこともありうる。数学の発展とはそういうもので、つまり、数学を家元制度として組織立てることは本質的に不可能なのである。

しかし家元制度的な組織化により、入門者に一定のカリキュラムを課したり、免許状によってその習得を証明したり、遠隔地にいる者を門人と認定したりすることが可能になり、自らの集団の存在を社会に示せるようになった。その結果、数学の本質との矛盾をはらみつつも外見を整えることによって、数学は習い事の一つとして社会に受け入れられた。それはまた、職業としての数学の師匠の成立を意味していたことを忘れてはならない。こうして数学に関心を持つ人々の裾野が広がり、近世日本に豊かな数学文化が花開いた。その社会的な要因として、家元制度的な組織化は大きな意義を持っている。しかし、現在のところ数学の家元制度に関する研究は少ないのが現状であり、新資料の発掘などが望まれる。

＊1　東アジア数学史研究会編『関流和算書大成―関算四伝書―』(勉誠出版、二〇〇八〜二〇一一)。『関算四伝書』の存在は以前から知られていたが、その膨大さから格段の研究は進められていない。その全写真が収録された本書の刊行によって研究の進展が期待できる。

＊2　森本光生・小川束「大成算経の諸写本について」（*RIMS KoKyuroku Bessatsu*, B73, 2019）二一～三二ページ。

＊3　藤井康生「会田と神谷との論争⑴―愛宕山算題―」『数学史研究』第二二六号（二〇一六年）、同「会田と神谷との論争⑵―改精算法・非改精算法―」『数学史研究』第二二七号（二〇一七年）。

＊4　岡専吉『日本数学概説』（岩波書店、一九三三年）二一四～二一五ページ。

＊5　シュー著、佐田啓一・濱口恵俊訳『比較文明社会論――クラン・カスト・クラブ・家元』（培風館、一九七一年、原著は一九六三年）三〇八～三一三ページ。シューはこれらを川島武宜『イデオロギーとしての家族制度』（岩波書店、一九五七年）三二二～三六九ページによるとしているが、その注には「参照した川島［武宜］の著書、もしくは私自身の観察、そのいずれかに基づいている」とある（三三二ページ）。

第四章　建部賢弘の数学思想——江戸城の数学

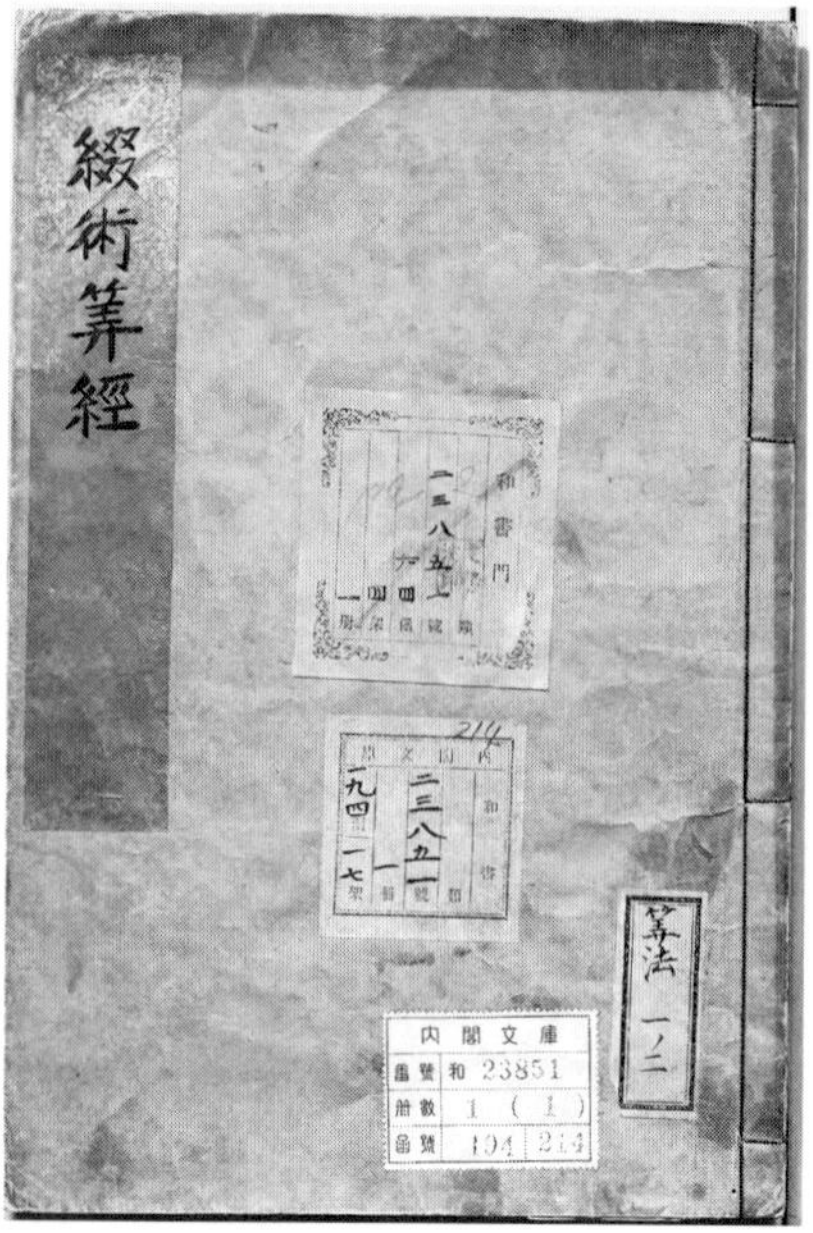

『綴術算経』（1722年、内閣文庫蔵）　建部賢弘は円周率や弧背の長さの級数展開を述べた本書を将軍徳川吉宗に献上した。これは吉宗の机上にあったと思われる原本。建部による数学論、数学者論が「自質の説」として付されている。

一八世紀前半は日本数学のパラダイムを確立した関孝和が没し（一七〇八年）、その高弟、建部《たけべ》賢弘《かたひろ》（一六六四～一七三九）が世界的な業績を挙げた時代である。建部のもっとも注目すべき著作は『綴術算経《てつじゅつさんけい》』（一七二二年）である。八代将軍徳川吉宗に献上された本書を語るには、まず吉宗について述べなければならない。吉宗は直接数学を研究したわけではないが、吉宗によって醸し出された学問的雰囲気は建部賢弘の数学に強力な動機を与え、その結果が『綴術算経』に結実したからである。本章ではまず吉宗の研究マネージャーとしての側面を紹介し、続いて建部賢弘とその代表的著作『綴術算経』における哲学——数学論、数学者論——について考えてみたい。

第一節　徳川吉宗による研究指揮

吉宗のプロジェクト管理

八代将軍徳川吉宗は自身も博識であったが、注目すべきはその学問研究の推進方法であった。[*1]
吉宗は自らの関心にしたがって課題を設定し、書庫の書物、あるいは購入した書物を適任と思われる家臣、あるいは家臣団に研究をさせ、その結果について評言、指示を与えることで研究を推進した。現代でいえば大企業の社長自らプロジェクトをマネージメントしている感じであろうか。

　吉宗の研究対象は法律、地誌、楽律・度量衡、馬術、医術、天文暦術など多岐にわたる。たとえば法律に関していえば、吉宗は将軍となる以前、紀州藩主であった頃からすでに法律に関心が高かった。当時吉宗の父光貞は榊原篁州《こうしゅう》（一六五六〜一七〇六）に命じて中国から舶載した明の刑法『大明律』を解読させ、『大明律諺解《だいみんりつげんかい》』を刊行していた（一六九四年）。吉宗はこの明律の研究を引き継ぎ、一七一三年に篁州の子霞州《かしゅう》に『大明律諺解』の校訂を命じた。

　吉宗は将軍となるに際し、すでに抱えていた儒者のうち多くは紀州に残した。その一方、無役となっていた儒者二〇名ほどに課題を出し、自らが意図する学問研究を推進するために適正を試験した。具体的にいえば、『謡抄』『令義解』『令集解』への訓点、『大清会典』の和訳、『六諭衍《りくゆえん》義《ぎ》』への訓点、和訳を命じている。

　また、吉宗は唐船によってもたらされる書物の輸入、販売を緩和した（一七二〇年、いわゆる禁書緩和令）。これは吉宗がその学問研究の範囲を広げようとする意志の表れで、特に天文、暦術の研究促進は改暦をめざす吉宗にとって重要な関心事であった。そのため宗教上の理由で当初禁書になっていた中国の『天学初函《てんがくしょかん》』（一六二九年）器編に含まれる数学、天文、測量、暦法など、西洋の科学知識の輸入が可能となったのである。ちなみに、『天学初函』巻三から巻五にはユークリッドの『原論』の中国語訳（一六〇七年）が含まれ、巻八から巻一〇はクリストファー・クラヴィウスの『実用算術概論』（一五八三年）の中国語編訳『同文算指』（一六一三年）である。これらはマテオ・リッチ（中国名は利瑪竇《りまとう》、一五五二～一六一〇）が布教活動の一環として数学に関心を持つ徐光啓らのために口述する形で漢訳したものである。しかし両者とも日本において積極的に読まれた形跡はない。

『暦算全書』と改暦

『徳川実紀』によれば、吉宗は当時の貞享暦《じょうきょうれき》が精確でないことから、日本、中国はもちろんオランダの暦法にまで関心をもち、その改正をめざした。まず天文方渋川春海《はるみ》の弟子、猪飼文次郎に下問したが埒が明かなかったので建部賢弘に下問したところ、建部が京都にいた中根元圭《なかねげんけい》を推挙した。そこで中根に質問をしたところ今度は満足できる応対であったので、吉宗はその頃舶載したばかりの『暦算全書』の翻訳を命じることとした。『暦算全書』は清初の暦学者梅文鼎《ばいぶんてい》が西洋の暦算に関する著作を七六巻に編纂した大著で、日本に輸入されたのは一七二六年のことであった。吉宗はこの翻訳を建部に命じたが、建部はその仕事を中根に託し、一七三三年に全四六冊が完成した。建部はこれに序文を寄せている。

中根元圭は近江の医者の子として一六六二年に生まれ、一七一一年、五〇歳のとき京都銀座の役人となった。吉宗が一七二〇年に天文、暦法研究のために禁書を緩和したのも中根の進言によるともいう。これは先ほどの建部による中根の推挙と整合性がないようにも思われるが、いずれとも断定できない。

吉宗は実証的な科学に強い関心をもち、測量器を作り、吹上御苑において自ら雨水の量や、南中時の影の長さ、さらには朔や食などを観測した。中根も一七三二年、吉宗の命を受けて伊豆下田に出向き、太陽、月の高度観測を行っている。

『暦算全書』を翻訳させたことからもわかるように、吉宗は西洋の暦算法によって五〇年ぶりの改暦を意図したが、その後の展開は単純ではなかった。当時江戸の天文方であった渋川家では春海が没した後、有能な人材に恵まれなかった。そこで当時江戸で天文学を講じていた西川如見《じょけん》の子、正休《まさよし》に白羽の矢が立った。ところが改暦について京都の土御門泰邦《つちみかどやすくに》と正休の間に軋轢が生じた。そもそも泰邦は貞享の改暦において暦作成の権限が関東の天文方に移ってしまったことを苦々しく思っていたため、正休が作成した新暦書の誤りを次々に指摘し、その結果、正休は窮地に陥った。さらにこのとき、すでに家重に将軍職を譲っていた吉宗が没し、改暦の権限は泰邦に帰した。泰邦は西洋の暦法には無知であったから、一七五四年に土御門家から奏進され、翌五五年に頒布された「宝暦甲戌元暦《ほうりゃくこうじゅつげんれき》」は、吉宗の意図したものとはまったく異なるものであった。この暦は前の貞享暦の定数をわずかに手直ししただけのもので、当時もっとも優れた暦学者であった西村遠里《とおさと》によって批判され、一七六三年には日食の予報に失敗した。宝暦の改暦は失敗に帰したのである。

享保日本図

また吉宗は国絵図などを再編して、精度が低かった元禄日本図にかわる日本図作成を進め、一七二五年に完成した。その編集に建部賢弘は関わり、『日本絵図仕立候節之覚帳』（一七二七年）に概要を述べている。川村博忠による前半部分の意訳を引用しておこう。[*2]

日本は六十八国余であって、往年より郡村・山川・名所などを記す国ごとの図はできていたが、未だ正しくなかったので、元禄年間にその改定があり、日本総図が作られて官庫（幕府文庫）に収められた。しかし今その図を見ると形が崩れていて東西南北の方角にも違いが認められる。享保四年［一七一九］の秋に上様［吉宗］より日本総図の形を正して方位を定めよと命じられた。つつしんで拝命したものの、それにはどのような方法があるか考えあぐんでいたところ、上様より重ねて指示があった。各国ごとに左・中、右三方の名のある場所より隣国の高い山の絶頂を望視してその見通し方位を線引きする。官庫の国絵図は縮尺六寸一里であるから、それを六分一里に縮小した小図を作り、それに望視の方位線を書き入れて隣接する国々を順次つないでいけば、国と国との境は重なったり開きができたりするだろうから、重なりは中央で切り、不足は埋め補って接合すれば全体はおのずと正しく形づくられるであろう。この上様の教えに感服し、すぐに有馬氏倫（吉宗の傍臣）をして事を言上し、勘定奉行（大久保下野守）を通じて、諸国に見当山の望視調査を命じて日本図を調製したところ、旧図のゆがみが一目瞭然となった。このようにして新日本図は享保八年［一七二三］に完成した。およそ郡村・山川・海陸・駅路などの所在がすべて正しく位置づけられているとはいえないまでも、国ごとの南北東西の方位は大方は正すことができた。

建部が地図作成に関わったのは一七一九年より一七二三年までであったが、地図の再編はそれより前の一七一七年に始まり、最終的に完成したのは一七二五年である。『徳川実紀』(『有徳院殿御実紀』)の一七二五年九月一六日の記録に、

二の丸留守居建部彦次郎賢弘に金五枚、時服三枚を下さる。これは諸国地図を製作し献上したことによる。

とある。地図が完成して建部は報奨を受けたのである。この享保日本図は現在、国立歴史民俗博物館に所蔵されている。二〇一四年に広島県立歴史博物館で、見当山調査をした結果作られた測量原図が発見された。これは肥前国平戸藩の第九代藩主、松浦静山《まつらせいざん》(一七六〇〜一八四一)が旧蔵していたもので、守屋《もりや》壽《ひさし》コレクションとして同県立博物館に所蔵されている。[*3]

第二節　建部賢弘の生涯

建部賢弘の前半生

建部賢弘は六代家宣《いえのぶ》、七代家継、八代吉宗の三代の将軍に仕えた幕臣であり、同時に関孝和の高弟としてすぐれた数学者でもあった。特に円周率や円弧長の計算は当時の世界的な業績である。その人生は次のように大きく三期にわけることができる。[*4]

前期　関孝和との数学研究時代（一三歳〜四〇歳）
中期　家宣、家継に仕えた幕臣時代（四一歳〜五三歳）
後期　吉宗に仕えた数学・暦術研究時代（五四歳〜七〇歳）

以下、順に賢弘の生涯を振り返ってみたい。

賢弘は祐筆、建部直恒の次男として一六六四年に生まれた。一二歳の頃、兄賢明、弟賢之とともに関孝和に入門して数学を学んだが、経緯はよくわからない。入門から七年後の一六八三年、一九歳の時に『研幾算法』を著して頭角をあらわし、さらに関、賢明、賢之とともに当時の数学を集大成しようと試みるまでになった。この試みは元禄の中頃に一旦『算法大成』一二巻の形にまとめられたが、その後、兄賢明によって『大成算経』二〇巻にまとめ直された。今日私達が見ることのできるのは、この二〇巻の『大成算経』のみである。賢弘の他の著作としては、関の『発微算法』の計算の詳細を解説した『発微算法演段諺解』（賢明、賢之との共著、一六八五年）、中国から輸入された『算学啓蒙』の注解書である『算学啓蒙諺解大成』（一六九〇年）がある。これらは完全に独創的な著作というよりは既刊の数学書の注解書の類であり、いずれもが人口に膾《かい》炙《しゃ》したが、賢弘の業績においてはやはり助走期間にあたるものといえよう。

家宣、家継に仕える

一六九〇年、二六歳になる年に、賢弘は北条源五右衛門の養子となり、その縁で甲府公徳川綱豊（後の将軍家宣）に仕えることとなった。後に北条家に男子が誕生したのを契機に賢弘はふたたび建部姓に戻ったが、綱豊にはそのまま仕えた。一七〇四年、綱豊が家宣と改名し、綱吉の養嗣子として江戸城の西の丸に入ったのに伴い、西城御広敷添番、御納戸番となり、幕臣として生活することとなった。家宣が将軍となったのはそれから五年後の一七〇九年一月、綱吉が六四歳で亡くなったのを受けてのことである（将軍を継いだのは同年五月）。

前期には精力的に数学を学んだ賢弘であったが、中期は公務に専念したためか数学上の著作は著さなかった。一七〇九年は生類憐みの令が廃止され、また新井白石による正徳の治が始まった年であるから、政治的には大きな転換点であるが、われわれの関心からすればこの時期は空白の時期ということになる。なお、前年屋久島に上陸したイタリア人宣教師ジョバンニ・バチスタ・シドッチを新井白石が尋問したのもこの一七〇九年であった。賢弘はシドッチを牢に訪ね、数学を学んだという説もある。[*5] しかしそのことについて何も書き残していない。

家宣は一七一二年一〇月に五〇歳で亡くなった。賢弘は喪に服し、そのまま引退を覚悟していたと思われるが、家宣の遺言によって次の将軍家継の養育掛の一端を担うことになった。翌一七一三年四月に将軍職を継いだ家継は、このときわずか四歳であった。

吉宗のもとで

賢弘に転機が訪れたのは、家継が将軍に就いてから三年後の一七一六年四月のことであった。家継がわずか八歳で没し、八月、吉宗が将軍に就いた。家宣の逝去とともに無役の寄合となっていた賢弘は一七一九年、先に述べた通り吉宗より日本地図（いわゆる享保日本図）の作成を命じられた。家宣が亡くなってから吉宗に登用されるまでの三年間の消息は明らかではなく、どのような経緯で賢弘が再び起用されることになったのかは不明である。しかし一七一九年に天文、暦算に詳しく顧問にも与っているとの理由で金三〇両を下賜されているから、吉宗はあるいは早くから賢弘の噂を側近の者から聞いていたのかもしれない。いずれにせよ、吉宗の人材発掘の網に賢弘も掛かったのである。

また吉宗が一七二六年、梅文鼎の『暦算全書』の翻訳を命じたことは、賢弘の研究に強い動機を与えた。そして吉宗の期待に応えるべく賢弘は、『綴術算経《てつじゅつさんけい》』『不休建部先生綴術《ふきゅうたけべせんせいてつじゅつ》』（一七二二年）

『辰刻愚考《しんこくぐこう》』（一七二二年）
『歳周考《さいしゅうこう》』（一七二三年）
『累約術《るいやくじゅつ》』（一七二八年）

を著すことになる。

賢弘は幕臣となって以来、しばらく数学の著作を発表していなかったが、吉宗に登用されてまもなく『綴術算経』を執筆し、これを吉宗に献上した。そしてこの『綴術算経』が賢弘のもっとも輝かしい業績となった。実をいうと「献上した」との公式な記録は残されていないのだが、『仰高録』には『算法統宗《さんぽうとうそう》』『算学啓蒙』『竿頭算法《かんとうさんぽう》』とともに『綴術算経』が吉宗の手元に置かれていたと記されていることから、何らかの成り行きがあって献上したと考えられている。『算法統宗』は中国の程大位《ていだいい》が一五九二年に編纂した数学書、『算学啓蒙』はこれも中国の朱世傑が一二九九年に著した数学書である。これら二書は、一六〇〇年頃日本にもたらされて以来、日本の数学の勃興にもっとも影響力があった。また『竿頭算法』は中根彦循《げんじゅん》が一七三八年に著した数学書で、著者は先に『暦算全書』の翻訳に携わった中根元圭の子である。賢弘、中根元圭やその子の彦循は吉宗が数理的問題に関心があることを忖度《そんたく》し、数学がどういうものか、ということを吉宗に示したかったのかもしれない。

これら一群の数学書が吉宗の手元にあったということは、吉宗も一旦は数学を全面的に研究すべきであるかどうかを検討したのであろう。しかしそのようなプロジェクトは、実際には開始されなかった。吉宗が数学に研究するだけの実学的意義を見出せなかったのが最大の理由であろう。その意味では、賢弘が内心期待していたであろう展開にはならなかった。とはいえ、賢弘は吉宗の存在によって、日本の数学史のみならず世界の数学史においても後世に語り継がれるべき著作を著すこととなったのである。なお、吉宗に数学研究というプロジェクトの検討を動機付けたのが賢弘だったのか、中根元圭やその子彦循であったのか、あるいはもっと別の人物であったのかは、不明である。

第三節　『綴術算経』の数学思想

数学の対象と方法

数学史において『綴術算経』がもつ意義には二つの側面がある。

第一は数学上の業績である。賢弘は円周率を四三桁まで求め、また円周の一部である円弧の長さを円弧の高さの関数として（当時は関数という概念はなかったが）、無限級数に展開した。これらはいずれも当時の世界のトップクラスの成果であり、その膨大な計算とともに驚嘆に値する。

第二は数学思想の披瀝である。江戸時代の数学者は――江戸時代に限らず現代の数学者も――自らの数学観を述べることは少ない。実際、数学とは何かといったことを記した書物はあまり見当たらない。そのようななか、賢弘は数学とは何か、数学者とは誰かという問題を正面から考察し、これを吉宗のためにまとめた。第一の数学上の業績は専門的な話になるので、ここでは第二の数学思想について考えてみよう。

『綴術算経』は数学の問題を例として挙げながら、数学の目的、数学の方法、数学者の資質について述べたものである。

賢弘は数学が探り求めるべき対象を法、術、数の三つに分類し、これらを求めるための方法として、理によるものと数によるものを区別している。そしてこれらの対象と方法の組み合わせを例題によって次のように網羅、提示する。

理によって法を探る例題（第一章乗除、第二章立元）
数によって法を探る例題（第三章約分、第四章招差）
理によって術を探る例題（第五章織工、第六章直堡）
数によって術を探る例題（第七章算脱、第八章球面）
理によって数を探る例題（第九章砕抹、第一〇章開方）
数によって数を探る例題（第一一章円数、第一二章弧数）

さらに、最後に「自質《じしつ》の説《せい》」と称する一章を付して、自らの体験に基づく数学者論を展開するのである。
まず、

(一) 対象としての法
(二) 対象としての術
(三) 対象としての数
(四) 方法としての数
(五) 方法としての理

について順に簡単に述べよう。

対象としての法と術

数学が探り求める対象としての法、術は「法」「術」と単独で用いられることもあれば、「法術」と合併して用いられることもあり、その区別は必ずしも明らかではない。しかしあえてそのおおよそを述べれば、法は問題によらない一般的な通則、術は個別の問題に解答を与えるためのアルゴリズムと解釈することができる。

たとえば、同じ量を繰り返し加えるには乗算をすればよい(第一章乗除)とか、除算を実行する前に最大公約数で分母（除数）、分子（被除数）を約分すればよい（第三章約分）というのが法の典型である。このような通則は問題によらず適用できる。ちなみに賢弘が述べている最大公約数の見つけ方はいわゆるユークリッドの互除法である。

これに対し、術は個別の問題の解法を示す用語である。たとえば織工三人が二一日で錦四反を織る場合、織工七人が四五日働くと何反織ることができるか、という問題（第五章織工）の場合、

4÷3（織工一人が二一日で織る反数）
4÷3÷21（織工一人が一日に織る反数）
4÷3÷21×45（織工一人が四五日で織る反数）
4÷3÷21×45×7（織工七人が四五日で織る反数）

とすれば各段階の計算の意味は明らかであるが、これだと最初の除算で端数が出るから、乗算部分は乗算部分でまとめて先に計算し、除算部分は除算部分でこれもまとめて計算し、最後に除算をするのがよい。つまり、

4×7×45÷(3×21)

とせよ、というのである。これを「織工重互換の術」という。この例は具体的な数値によって述べられているが、これから一般に織工M人がD日に錦1反を織る場合、織工m人がd日で織る反数は、

$$1 \times m \times d \div (M \times D)$$

と計算すればよいことはすぐわかる。

この解法に「織工重互換の術」などとことさら名称を与えるのは大げさだと思うかもしれない。実はこの問題は中国から伝わってきたもので、『算学啓蒙』の双拋互換門という章に類題が六問ある。そこでは織工の問題を典型として、それ以外に塩の生産や船賃の問題など、本質的にこの問題と同じ型の問題が取り上げられている。つまり織工重互換の術は中国伝来の伝統のある術であり、若い頃それを学んだ賢弘は『綴術算経』で改めてこれを術の典型として取り上げたのである。

ところで賢弘は、織工重互換の術に限らず一般に乗算と除算だけを含む計算の場合、先に乗算をして、その後除算すればよいことをもちろん知っていて、これを「先乗後除の法式」と呼んでいる（二二丁表〜裏）。これは法というべきものである。

一般に、江戸時代の数学において術として述べられるのは、算木やそろばんで計算するための

手順である。たとえば右の織工の場合、

四を置いて、これに七を乗じて、さらに四五を乗じて被除数とする。また三を置いて、これに二一を乗じて除数とする。被除数を除数で割って二〇を得る。

というように書かれる。これが「先乗後除の法式」を用いた「織工重互換の術」である。これを読んでただちに理解することはできない。というのも、術とは「なぜこのようにするのか」「なぜこのようになるのか」という説明ではなく、「こうせよ」という指示だからである。江戸時代の「術」文を読むには、読者自らがなぜそのように計算するのか、考えながら読まなければならない。ここに江戸時代の術文を読む難しさがある。

なお、未知数を含む場合の術文は次のように書かれる（関孝和『発微算法』第一問の術文冒頭）。

術。小円径を未知数とする。問題にいう数を加えると中円径となる。これを二乗して得られる数を甲位とする。

（原文は「術曰、立天元一、為小円径。加入云数為中円径。自之得数寄甲位。」）

これは算木による方程式を作るための術文で、小円の直径をxとするとき、問題にいう数（五寸）を加えて、（$x+5$）^{2}を甲とするという意味である。後に引用するために「甲」と名付けている。「甲」は十干（甲、乙、丙、丁、戊、己、庚、辛、壬、癸）の最初の文字で、問題とは無関係であり、現代のアルファベットのように使っているわけである。このような文字としては他に十二支（子、丑、寅、卯、辰、巳、午、未、申、酉、戌、亥）や二十八宿（天の赤道付近の二八星座の名前、角、亢、氐、……）などが用いられた。

対象としての数

さて、数学が探り求める対象としての数は、実数とその（近似）分数である。たとえば賢弘は円周率をまず小数表示で求めてから、それを連分数展開によって分数表示にしている。そろばんで計算をしている以上、数は常に小数表示で表されるから、まず小数表示が得られるのは自然である。しかしそれをなぜ分数表示になおすのであろうか。通説では、円周率を用いた計算に桁数の多い少数表示は不便であるから、計算が煩雑にならない範囲でこれを近似分数になおしたとされている。実際、関孝和は『括要算法』において円周率として355/113を用いている。しかし、賢弘が円周率の近似分数を求めたのは計算の簡便化という意識があってのことではない。それは純粋に数学的関心の表れである。当時、古法3/1、密率355/113（関は22/7を密率と呼ぶ）、智術25/8、桐陵法63/20、和古法79/25、陸績率142/45、徽率157/50というように、さまざまな名称を持つ近似分数が知られていた。その大半は中国からきたもので、関はこれらの分数が一つのアルゴリズムで得られることを示した。それは確かに驚くべきことであったが、このアルゴリズムでさらに精度のよい近似分数を得ることは事実上できない。そこで賢弘は兄の賢明による連分数展開を示して、さらに収束が早い方法があることを示したのである。ただしそこで示された近似分数は、103993/33102というような必ずしも計算に有利なものではなかった。

方法としての数

問題解法の方法論として賢弘がもっとも成功したのが数による方法である。これは特殊な場合の数値計算と、その計算結果の注意深い観察に基づいて、帰納的に解答を得ようとする方法である。その典型が第一一章の円周率計算（円数）と第一二章の円弧長の計算（弧数）である。たとえば円周率計算では、まず内接正多角形の周の長さで円周率の近似値をいくつか求める。これの数値列を観察して、この数列の数値の階差をとる。さらにその結果の数値を観察して今度は比をとる。その比の値を観察して、ついに無限級数の計算により加速計算を行うのである。これらの計算は必ずしも初めから成算があるわけではなく、その意味では試行錯誤的でもある。しかしここが賢弘の数学的感覚の鋭いところであり、われわれが今日『綴術算経』を読んでも一種の感動を覚えるのはこの点による。

関はこのような数による方法を「下等」であると評した。たとえば、関は球の表面積を求めるのに、薄皮の体積を利用して細かい計算をして表面積を求める方法、すなわち数による方法を下等な方法と批評した。この場合上等な方法とは何かといえば、球をその中心を頂点、球面を底面とする円錐と見立てて一挙に計算する方法である。これに対して賢弘は、すべての問題をこのように一挙に計算することはできず、そのような場合には数による方法が適当であるから、数による方法もあながち下等でない、と述べている。『綴術算経』全六〇丁の半分近くは第一一章と第一二章に当てられていて、構成上は調和を保っているものの分量の面ではまったく均衡を失っており、むしろ異様な感さえ与える。しかしここには賢弘の数による方法に対する強い自負が込められていると見るべきであろう。

ところで、関は自らが下等であると評した数による方法をまったく取らなかったかというと、そんなことはない。たとえば関の没後刊行された『括要算法』にある球の体積や円周率の計算や円弧の長さを求める計算は、いずれも数による方法の典型である。特に円弧の長さを求める計算では五つの特殊な場合の円弧の長さを計算し、それを基にして詳細な補間計算をしており、その計算の緻密さは関の実力を明瞭に示すものである。関が数による方法を下等と評したのは多分に自戒の意を含むのであろう。

方法としての理

数学の方法のうち、数によらないものが理によるものである。先に採り上げた織工重互換の術は、最後の術が正しいことの確認を理に拠ったから、理により術を求めたとされる。この定義はいかにも大雑把な捉え方で曖昧であるが、このように消去法でしか表現できないのも事実である。なかにはいささか牽強付会というべき部分もある。たとえば、賢弘は立元の法（算木で方程式を立てる方法）について、

理に拠って探り求めるという観点から述べればおおむねこのようであるが、必ず理だけに拠って理解できるともいえないし、逆に数にだけ拠って理解できるともいえない。数、理の根拠を得ることができない場合でも、予期せず理解できたり、知らず知らずのうちに法を獲得する不思議な場合もある。

と述べている。賢弘は算木の、

◯｜

という配置が今日の未知量 x に対応することの説明に難渋し、このように述べたのである。今日ではこれは $0+1x$ に対応するから、よくわかったような気がするが、未知量を表す算木の配列◯｜の「理」――「意味」といってもよいかもしれない――を説明するのは当時難しいことであった。0（または空）を意味する記号◯と、1を意味する記号｜とを合わせた配置◯｜に

よって一つの未知のものを表すことが、理解を困難にしたのである。

建部は〇｜で表される未知量を二乗すると〇〇｜となり、三乗すると〇〇〇｜というようになることを指摘して、いわば帰納的に〇｜が未知量を表すと理解していたようである。

建部のこの説明はいかにも曖昧であるが、そこを批判するより、未知数を表す算木配置を明快に説明することがいかに困難であったかを指摘すべきであろう。

自質の説

すでに述べたとおり、江戸時代の数学者が数学それ自体や数学者について述べることは少なく、史料もそれほど多くない。そのなかで、『綴術算経』の末尾に付された「自質の説《せい》」は第一級の史料であろう。以下、この「自質の説」を読んでみたい。ここには賢弘が最終的に到達した数学思想が開陳されている。それは自らの長い経験と当時の思潮であった儒学、道学の思想とに基づく数学論、数学者論であると同時に、関孝和との師弟関係から賢弘の心に生じた葛藤の表白でもあった。

漢字片仮名文でルビも多く振られているから、さほど読むのに困難はないのかもしれないが、以下、解説を付けながら現代語訳しておく。原文には段落分けはないが、ここでは便宜的に五段に分けて読むことにする。［　］内は適宜文意を補った部分である。*6

【第一段】数学［の研究］が数［学］の心に従うときには［数学者は］安泰である。［逆に］従わないときには苦しむ。いわゆる心に従うというのは、すなわち本質に従うということである。従う［ときには安泰である］というのは、結果に達していないときから、必ず達することができるという心があるから疑うことがなく、安泰な境地にいるのである。安泰な境地にいるから常に研究を進めて止むことがない。常に研究を進めて止むことがないから成功しないということがない。従わない［ときには苦しむ］というのは、結果にまだ達していないときに、達することができるとも、達することができないとも考えをめぐらさず、［あれこれと］疑うからである。疑うから苦しみ、挫ける。苦しみ挫けるから成し遂げることが難しい。

現代語訳するよりも原文の方がわかりやすいような気もするが、それはわかったような気がするだけで、錯覚である。「自質の説」の冒頭は「算《さん》ノ数《かず》ノ心ニ従フトキハ泰《やす》シ」と始まっているが、算と数はどのように異なるのであろうか。現代では簡単に「算数」というが、賢弘は算と数を区別しているようである。これについては関孝和と建部賢弘、賢明が著した『大成算経』の冒頭部分が参考になる。

算は数である。数はすべてのものに本来備わっている本体のことであり、算は姿を顕した数、あるいはそれらを操作する活動のことである。

これによれば、数は万物に内在し、それ自体をわれわれが見ることのできない本体である。一方、算は算木などの形で姿を顕した数であり、またそれらに加減乗除や開平、開立などの演算を施す操作活動のことである。[*7] そこでここでは「数」を「数学」、「算」を「数学の研究方法」「数学の研究」「数学研究」、あるいは単に「研究」と訳してみた。

【第二段】私は数学を学びはじめてから、常に［労力を要する計算などせずに］楽に研究を進めようと思って、［かえって］長い間、数学の研究に苦しんだ。思うに、これはまだ自分自身の本質を発揮し尽くしていなかったからである。ようやく六〇歳になろうかという頃、自ら生まれつきの素質が偏駁であることをまさに認識して、数学［の研究］は数［学］の本質に従う［べき］ものであることを知った。ああ、自己の純粋、偏駁という素質は各人が生まれて得たままであって、学び尽くしたからといって、［純粋さが］さらに増し強くなることはなく、また忘れ去ったからといって、［偏駁さが］減り弱くなることは少しもない。したがって、［人は］その［自分自身の］偏駁な素質のことを考えるべきである。純粋な素質を［得ようなどと］考えるべきではない。人はそれぞれ自らその［偏駁な］素質を発揮し尽くさなくては、決して数学［の研究］は数［学］の本質に従う［べきだ］という真実を悟ることはできない。それなのに人は皆、素質の純粋、偏駿が生得、自然のものであることを悟らず、学び尽くしさえすれば、［素質が純粋になって］すべての見通しがよくなり、［複雑な計算などの］労力を用いる必要はないとする。［しかしそれは］考え違いというものだ。このような者は純粋な素質を学んで得られると思っている。どうして学んだからといって［いまの自分の偏駁な本質が］純粋な素質に変成することがあろうか。思うに、［人が］その素質を［発揮し］尽くして［数学研究の］道と一体になっても、生得の素質は生得の素質であるから、動ずること、変ずることはなく、改めて迷うことも、さらに明晰になることもなく、［人は］常に何かにつけて難易に応じた労力を発揮しなくてはならない。

本段では素質の偏駁《へんぱく》な者でも、その偏駁であることを認識して自らの質を発揮し尽くして労をいとわずに研究をすれば、十分な成果を得ることができ、その結果「数学の研究方法は数学の本質に従うべきだ」ということを理解できると主張する。賢弘は六〇歳になろうかという頃、このことを悟ったのであるが、これこそが賢弘が最後に到達した境地であった。

「偏駁」とは純粋でないことである。偏はかたよっていることであり、駁は「まだら」な状態である。それならば、偏駁の対極にある純粋とは何かというと、それは名人の持っている質のことである。ここで名人として賢弘が想起しているのは、師匠である関孝和のことである。

たとえば、球をその中心を円錐の頂点、球の半径を円錐の母線、球面を円錐の底面と見る関先生の着想（第八章球面）が純粋な精神の顕現であり、一方、球を薄く切ってそれらの体積の和を計算するというような方法が偏駁な精神の成果である。賢弘は四〇年以上にわたって、関先生の純粋の境地に到ろうと切磋琢磨したのであるが、六〇歳になって、自らの偏駁は変えることができないことにようやく気づいた。そのように達観するに到った契機は『綴術算経』の第一一章円数や第一二章弧数に述べられたような、細かい計算と観察を積み重ねて円周率や円弧の長さを求めることに成功したという経験であった。実際、賢弘は純粋の典型である師匠、関孝和に匹敵、あるいはそれを凌駕する結果を得たのであった。

この経験に基づいて賢弘は、たとえ偏駁であっても数学の研究方法が数学の問題の本質に合致していればよい結果が得られるということ、さらにいえば、数学の研究方法は数学の本質に従うべきであるということを確信したのである。ここには、偏駁を純粋に変えようと無駄な努力ばかりしていた自分の四〇年に対する自嘲や、偏駁であってもついに純粋な関先生の業績に匹敵あるいは凌駕さえする成果を得たという自信、あるいはついに師匠から解放されたという満足感、解放感というような複雑で、屈折した心情がはからずも吐露されている。

関の円周率の計算や円弧の長さの計算は、賢弘の計算に負けず劣らず、細かい計算の積み重ねであり、賢弘の考える純粋な質の成果とはいいがたいものである。現代から見れば関の計算の緻密さは驚嘆に値するのであるが、偏駁、純粋といった観点からすれば、むしろ偏駁に属する。しかし、賢弘はこの点については格段触れてはいない。

【第三段】さて、かつて［私は］ある人が「芸を呑む」というのを聞いた。これは素質が純粋なことを意味するのであろうか。［しかし］よくよく考えてみれば、芸を自己に従えて自らの心のなかに入れるというのは、［人には元来］思議できる領域と思議できない領域があるから、思議できる限りは［芸が］自分に従うとはいえ、思議できないところでは［芸が］自分に従ってはいないということもあり得る。［そこで］私はこういいたい。自分から少しも［自己の素質に］逆らうことなく、完全に［自分の素質に即した］数学［の研究］のなかに入るときには、自分の心と［数学研究の］道とが渾然一体となって、思議できるものは思議できるものとして自分に従い、思議できないものは思議できないものとして［これも］また自分に従うと。これが［数学研究の］道と一体となることの一つの説明である。

ここでは「芸を呑む」ということに関して、自己の素質に即した方法で数学の研究に没入することが重要であることが述べられる。これがすなわち「数学研究の道と一体となる」ということである。この「芸を呑む」と述べた人物の名は記されていない。「芸を呑む」との言葉は一般に芸をこととする人々の間で口にのぼるような言い回しである。

【第四段】数学［研究］の道を心で知って、言葉で説く者にはうそいつわりがある。［数学研究の］道と一体となって研究を実行する者にはうそいつわりがない。この［数学研究の］道と一体となるという究極の状態はまったく考え［て理解す］ることができない。ところで、その思議できない真実について、自らこれを身につけるのに、私は生得の素質に即した一つの方法があることを悟ることができた。しかし私の［数学研究の］道はまだ未熟であるから、［ここでは］これを説明しない。［そもそも］いうべきことを悟った後に［何か］いうことがあるだろうか。［あるとすれば］それは私の偏駁な素質［について］である。思うに、もし純粋の素質を持っているなら、一字として説くべきことはない。［この場合］一体何を説くというのであろうか。説くことがあるとすれば、それはつまり生得の偏駁の素質を説くのである。

ここで賢弘は、自分は数学研究の道と一体となる方法を悟ったが、それを説くことはできないと述べる。この部分は禅などで述べられる悟りの境地に関する常套的な表現である。賢弘は説くことは何もないが、もし説くとすれば、それは自分が悟る契機となった生得の偏駁の本質についてであると述べている。

【第五段】およそ生得の純粋、偏駁、厚、薄の素質は人々に等しく与えられてはいない。それゆえ、私が数学［の研究］は［数学の］本質に従う［べきだという］理由の説明はまさに以上の通りであるが、他の人［の場合］も［数学の］本質に従う［べき］理由がこのようだといっているのではない。したがって、もし数学を学ぶ者が本書の説くところを聞いて、意味もなく［これを］正しいとはしてはならない。またいたずらに誤っているとしてもならない。ただ各自が自己の生得の素質をいつわりなく認識して、［自分の］素質に即して、数学［の研究］は数［学］の本質に本当に従う［べきであるという］理由を説くべきである。

最後の段では、以上述べたことは個人の見解であって、各人はそれぞれの生得の本質（人質）を知り、なぜ数学の研究方法は数学の本質に従うべきなのかを考えるべきだと締めくくる。

以上、各段ごとに簡単な注解を施しつつ「自質の説」を読んで来たが、以下、全体について補足を加えておきたい。

まず、賢弘が数学にして関して思想的な主張を述べる場合、その下敷きとなっているのはもちろん朱子学の学説である。朱熹の説は理気二元論といわれるが、その理論には変遷もあり一言で述べるのはむずかしい。しかし、根本的な点について次のようにまとめられよう。[*8]

大極を理とし、これにたいし陰陽・五行・万物（含人間）の世界を気の働きによるものとして捉える。前者が後者の根拠、根源とされる。そして理は形而上の道、気（陰陽二気）は形而下の器ともいわれる。万物のうちでとくに人間は二気のすぐれたものを享けている。ところで理は超越的なものでありながら、個々のものに内在している。この内在している理が性である（「性即理」）。したがって、性の本質は善である（儒学には伝統的に性善の考え方がある。もっとも荀子は性悪説をとる）。だが、人間には、この意味での性、すなわち天然の性とともに、気質の性があると朱子はいう。これは、気のもたらすもので、ものの創意、したがってまた悪もそこに生まれる。このような思想から、万物に内在する理を一つひとつ究めてわが本性を明らかにすること（格物致知）、心を専一にして怠ることなく起居動作に注意し、広くものの理を窮めること（居敬窮理）などが説かれる。朱子学では、このような存在論（宇宙論）と人間論（道徳論）が一つに結びついているのが基本的な特徴である。

「自質の説」のみならず『綴術算経』全体において、「質」という語は人間と数学とについていわれるが、まず人間についていわれるときは、「天然の性」といってもよいかもしれない。ただし、賢弘の考えていた人間の質とは生得の変化し得ないものではあるが、善悪というような切り口はなく、数学者としての質に限定される。数学における「質」は『綴術算経』の本文中において、「形質」（第一、四、九章）あるいは「求積砕抹の質」（第九章）、「弧背《コハイ》の形質」「弧背自然の質」「弧の質」（第一二章）というように繰り返し用いられる。これらは本質、性質、特質というときの質であり、「性即理」における理に該当するものである。しかしながら、賢弘はこれとは別に「理」という語を用いており、両者を区別していたように思われる。すなわち、賢弘のいう理は問題の解法における根拠というような意味合いであり、もちろんこれは研究対象の本質と密接に関連するとはいえ、研究対象の本質そのものを指し示すときには質と呼んでいる。いずれにせよ、賢弘の考察は道徳論としての朱子学の範疇には含まれないものである。

賢弘のもっとも近くにいた儒学者は榊原霞州であった。[*9] 霞州は南葵文庫に納められた暦算関連の写本の製作者（あるいは統括者）であり、『綴術算経』の双子の著作ともいうべき『不休建部先生綴術』も霞州による写本群の一冊である。霞州の父、篁州は木下順庵（一六二一～一六九八）門下で、新井白石（一六五七～一七二五）、室鳩巣《むろきゅうそう》（一六五八～一七三四）、雨森芳洲（一六六八～一七五五）、祇園南海（一六七七～一七五一）とともに木門の五先生と呼ばれた。井上哲次郎は篁州について、

> 折衷的態度を取りて、学派を区別することを好まず、古註と新註とを兼用せしもの、順庵が指導に本づくにあらざるか。

と述べている。[*10] 篁州の師、順庵の具体的な指導はともかく、篁州が折衷的であったことが、その子霞州と密接な関係があった賢弘になんらかの影響を与えたと考えるのはそれほど不自然なことではあるまい。そもそも賢弘が議論するのは数学と数学研究についてであるから、既存のいわゆる道徳論、宇宙論からの制約はむしろ少なく、各派の学説を折衷的に用いて自由に数学論を披瀝したと考えられなくもない。

すでに述べたように、賢弘は質を純粋と偏駁に二分した。この点についてもう少し補足しておこう。『綴術算経』の序文には、

思うに人質の純粋なる者はない。生れつき、敏魯《びんろ》があって、どちらも一定であることはできない。

とあり、敏には「トキ」、魯には「オロカ」と左傍注が振られている。つまり、ほとんどの人間は純粋ではなく、頭の働きにすばやいときと愚かなときがあるというのである。この純粋でないのが偏駁である。また、第二章立元の末尾には、

もし純粋な質を受けていない者は、たとえ算法の限りを学びつくしたとしても、真実を知ることはできない。

とある。ところで、篁州は常に、

天下の技芸、各々四等あり、一に曰く下手、二に曰く巧者、三に曰く上手、四に曰く冥尽、上下三千年、縦横一万里、存する所、此に出でず、学者の道に於けるも、亦然り、

と述べていたという。[*11] これが霞州を通じて賢弘にも伝わっていたとすると、名人（冥尽）の人質を純粋とすれば、それ以外の人質は皆（程度の差こそあれ）偏駁であらねばならない。「蓋《けだし》人質純粋ナル者有《ある》コト無シ」という所以である。

賢弘は「私は数学を学びはじめてから、常に［労力を要する計算などせずに］楽に研究を進めようと思って、［かえって］長い間、数学の研究に苦しんだ」と述べている。ここで「楽に研究を進めようと」の原文は「安行《あんかう》ナランコトヲ意《おもふ》テ」である。「安行」という言葉は『中庸』第八章にある。[*12]

或いは生まれながらにしてこれを知り、或いは学んでこれを知り、或いは困しんでこれを知る。そのこれを知るに及んでは、一なり。或いは安んじてこれを行い［安行］、或いは利としてこれを行い、或いは勉強してこれを行う。その功を成すに及んでは、一なり。

（［この道と徳については、］生まれつきにそれをわきまえている人もあれば、学習してわきまえる人もあり、刻苦精励してはじめてわきまえる人もある。しかし、わきまえてしまった段階では、［人びとの認識に］なんの変わりもない。また、自然にらくらくとそれを実行する人もあれば、よいことだからと意識して行う人もあれば、努力を重ねて行う人もある。し

かし、実行の成果があがった段階では、［人びとの実践に］なんの変わりもない）

賢弘がこの部分を参照し、記述の下敷きにしたことはありえる。想像をたくましくすれば、師の関孝和が「安行に住」するのに対して、自分が苦しんで「これを知る」状況にあったことを省みて、いずれにせよ結果に到達すれば同じである（「一也」）と自負を持ったとも考えられよう。

＊1 以下、大庭脩『漢籍輸入の文化史――聖徳太子から吉宗へ』（研文出版、一九九七年）一八七〜二四九ページによる。

＊2 川村博忠『江戸幕府の日本地図　国絵図・城絵図・日本図』歴史文化ライブラリー二八六（吉川弘文館、二〇一〇年）一四七〜一四八ページ。

＊3 川村博忠「近世日本地図の成立と発展」『平成二八年度企画展　追加受託　至高の古地図・絵図コレクション「完成」記念　守屋壽コレクションが迫る近世日本の新たな異文化交流像』（ふくやま草戸千軒ミュージアム展示図録第五一集、二〇一六年）六〜八ページ。Ogawa, T. and Morimoto, M., eds., ***Mathematics of Takebe Katahiro and History of Mathematics, East Asia, Advanced Studies in Pure Mathematics***, 79 (2018) に測量原図の写真と久下実の解説がある。

＊4 小川束・佐藤健一・竹之内脩・森本光生『建部賢弘の数学』（共立出版、二〇〇八年）三〜一二ページ。

＊5 鈴木武雄『和算の成立』下（私家版、一九九八年）六四〜九〇ページ。

＊6 小川束「『綴術算数』の「自質説」について――現代語訳の試み」『数理解析研究所講究録』第一五四六巻（二〇〇七年）一六三〜一七四ページに基づく。

＊7　最初に算と数とに注目したのは村田全「建部賢弘の数学とその思想」『数学セミナー』（日本評論社、一九八二年八月号、七〇〜七五ページ、同九月号、六九〜七五ページ、同一〇月号、六二〜六七ページ、同一一月号、六三〜六九ページ、同一二月号、六〇〜六四ページ、同、一九八三年一月号、七六〜八一ページ）であろう。

＊8　岩崎允胤『日本近世思想史序説』上（新日本出版社、一九九七年）一一八ページ。

＊9　佐藤賢一『近世日本数学史』（東京大学出版会、二〇〇五年）第一〇章。

＊10　井上哲次郎『日本朱子学派之哲学』（富山房、一九〇五年）一〇五ページ。

＊11　前掲書一〇七ページ。

＊12　金谷治訳注『大学・中庸』（岩波文庫、一九九八年）一八八〜一九一ページ。

第五章　数学の広がり——発展と混乱

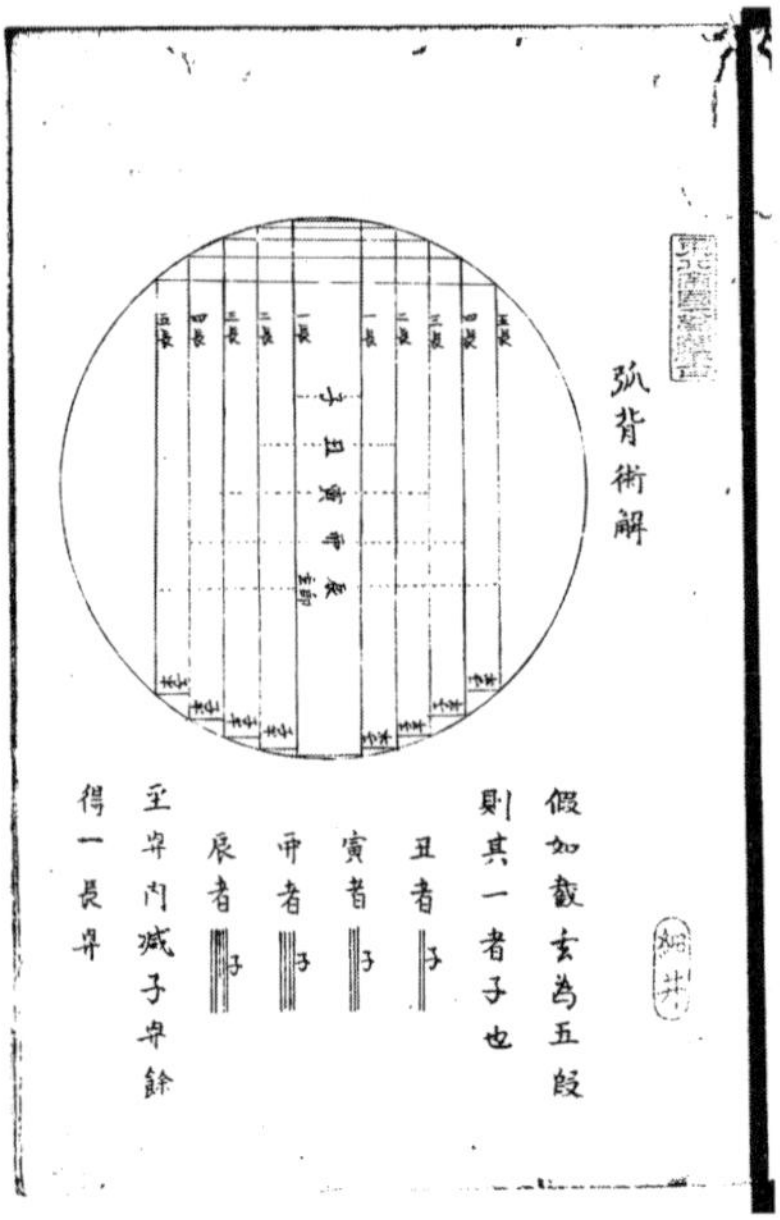

安島直円『弧背術解』（東北大学附属図書館・岡本写0114）　安島は二項定理による展開および冪和の極限計算によって円弧の長さを弧の高さ（矢）の無限級数として表した。本書は定積分による計算として現代の数学書として読むことが可能である。この安島の方法は円理二次綴術と呼ばれ、その後、円理三次綴術に発展して、円以外の曲線や種々の立体の体積の研究が可能となった。

関孝和、建部賢弘以降、多彩な数学者が登場する。多分に恣意を承知のうえで『綴術算経』（一七二二年）以降、ほぼ一〇〇年間の主要な数学者を挙げてみよう。生年が不明な者もいるが生年順に並べ、代表的な著作・写本（数学書以外の著作も含む）を一書ずつ付しておく。

田中由眞《よしざね》（一六五一〜一七一九）『算学紛解』
中根元圭（一六六二〜一七三三）『八線表算法解義』
松永良弼（？〜一七四四）『方円算経《ほうえんさんけい》』
久留島義太《くるしまよしひろ》（？〜一七五七）『久氏遺稿』
山路主住《やまじぬしずみ》（一七〇四〜一七七二）『一算得商術』
戸板保佑（一七〇八〜一七八四）『関算四伝書』
有馬頼徸《ありまよりゆき》（一七一四〜一七八三）『拾璣算法《しゅうきさんぽう》』
安島直円《あじまなおのぶ》（一七三二〜一七九八）『弧背術解』
藤田貞資（一七三四〜一八〇七）『精要算法』
本田利明《としあき》（一七四三〜一八二〇）『経世秘策』

会田安明　（一七四七〜一八一七）『算法古今通覧』
坂部《さかべ》広胖《こうはん》　（一七五九〜一八二四）『算法《さんぽう》点竄《てんざん》指《し》南録《なんろく》』

田中由眞は橋本正数派、会田安明は最上流の開祖、他の者は皆、関流の数学者である。中根元圭は暦算家、久留島義太は詰将棋の作者、有馬頼徸は久留米藩主、本田利明は経世家としても知られている。それぞれの人物について一個の物語を書くことができるほど多彩な顔ぶれである。しかしここでは個別の業績には触れず、この一〇〇年の数学を概観し、いくつかの重要な点を指摘することとしたい。

第一節　発展と混沌の一八世紀

三角法

建部賢弘の活躍した享保の頃、具体的にいえば一七二〇年の禁書令の緩和以降、将軍吉宗の嗜好もあって、漢訳された西洋数学についての書がそれ以前に比べて格段に多く輸入された。それらの書物によって、暦や測量術、航海術に関する数学として三角関数表や球面三角法、さらには対数などが日本に紹介されることになった。

三角関数――関数の概念はなかったが便宜的にこう呼んでおく――も対数も西洋起源の概念で、

日本には漢訳、あるいはオランダ語の書物として輸入された。

三角関数に関して最初期に輸入されたのは一七二六年、清初の暦算家、梅文鼎の『暦算全書』であった。『暦算全書』は梅文鼎が一七二一年に没して後、一七二三年に一族によって編纂されたもので、正式には『兼済堂纂刻梅勿菴先生暦算全書』という。書名が長いので通常は『暦算全書』と呼ばれている。日本には翌一七二四年の版が伝えられた。その後、三角関数表の日本における起源となった『崇禎暦書《すうていれきしょ》』（一六三四年）なども輸入された。『崇禎暦書』は西洋暦学を集成した全一三五巻の大著である。

もともと三角関数は正多角形の辺とその中心角との関係として考察され、日本においては建部賢弘が『算暦雑考』において初めて三角関数表を作成している。平面三角法と三角関数表は、特に幕末になって精密な測量のためによく利用されるようになった。一方、球面三角法の公式も知られており、これは主として暦術の計算において用いられた。これらは実学の基礎としての意義が大きく、江戸時代に盛んに研究された平面図形や立体図形においてはそれほど大きな意義を有していなかった。三角関数、あるいは三角比を積極的に利用して一般の平面図形や立体図形を研究した例は見あたらない。

対数

対数を含む外国書としては、中国の『数理精蘊《すうりせいうん》』があり、また、前野良沢（一七二三〜一八〇三）に師事した桑名藩主、松平忠和《ただとも》（一七五九～一八〇二）が所蔵していたオランダ書 *De Geheele Mathesis of Wiskonst*（A. de Graaf）などがあった。松平忠和は紀伊和歌山藩主、徳川宗将《むねのぶ》の九男で、桑名藩主の松平忠功《ただかつ》の養子となり、後に桑名藩主となった。忠和は当時蘭学者としても知られていたが、同時に至誠賛化《しせいさんか》流の古川氏清《うじきよ》（一七五八～一八二〇）に師事した和算家でもあった。

日本で最初に対数を取り扱ったのは安島直円の『真仮数表』（一七八四年）である。安島はまた『不巧算法』（一七九九年）で対数の原理について述べている。安島が最初にどの書籍を見たのかは必ずしも明らかではない。忠和との関連においていえば、会田安明の『不朽算法評林』の『不朽算法』の条に次のような話が残っている（「評林」とは「批評集」のこと）。

さて、この［対数］表の数値を求める方法は容易ではない。本書［『不朽算法』］にはその一つの方法が得られている。これは私が得た方法とは非常に異なっている。この安島氏の方法は先年、紀州の只之進殿――後に松平下総守といった――が藤田貞資にその方法を問われた［ことに端を発している］。しかるに藤田はこれを得ることができなかった。そこで藤田はひそかに安島氏に相談した。安島はこれを考え［その方法を］得たという。その後、藤田より只之進殿へ進講した際、藤田は自分一人の工夫で得たように申し述べたという。後日、安島氏がこのことを聞いて非常に憤って、「以前より藤田は不誠実な者であったが、今回の一件は高位の方からのご質問であるから、［進講にあたっては］少しは私と相談すべきことである」と、大変恨み、それより後は不和となり生涯出入りをやめ、その後安島氏が病死したときも、藤田より悔みの使いも来なかったという。

忠和が対数表の起源について藤田貞資に下問したところ、藤田はわからなかったのでそれを安島に質問した。安島が回答すると、藤田がそれを自分の手柄のように忠和に伝えたので、安島は憤慨し、それ以降二人は絶縁状態となったというのである。「後に松平下総守といった」というのは忠和が寛政五年（一七九三）に下総守に任ぜられたことをいう。したがってこの話はそれ以前のことである。対数について下問した忠和が見たのが『数理精蘊』だったのかオランダ書だったのかはよくわからない。横塚啓之は、忠和が『数理精蘊』を見たとすれば、下編巻三八「対数比例」に詳しい解説があるので対数の原理を理解できたであろうと推測し、忠和の下問の契機となったのはオランダ書の記述であったのではないか、と示唆している。[*1]

西洋数学と日本の数学

三角関数や対数の移入にもかかわらず、近世においては、中国書であれオランダ書であれ、そこから得られる西洋数学の知識、技術は日本の数学とは必ずしも濃密な関係を持たず、日本の数学に大きな影響を与えることはなかった。これは中国の数学が近世初期の日本の数学に劇的に影響を与えたことを考えれば、意外といえば意外である。数学は時代と地域によらず一つの学問であって、洋の東西を問わず、その発展に資するものがあればこれを受け入れて、それぞれの数学を発展させるものであるとわれわれは考えている。しかし近世日本数学の実際の成り行きはそのようにならなかった。なぜ近世日本の数学はわれわれが自然に感じるように展開しなかったのであろうか。この問題はもっと後に議論すべきことかもしれないが、ここで少し考えてみよう。

近世日本の数学は、その歴史のごく初期から解くべき問題——たとえば平面幾何、立体幾何の問題——が一貫して存在し、また『発微算法演段諺解』以降、中国数学の伝統を敷衍《ふえん》した教科書が整備されていた。平面幾何や立体幾何の問題は容易なものから難解なものまで際限なく作成でき、その多くはステレオタイプであるものの、なかには興味深いものもある。また、それを解く方法としては三平方の定理（ピタゴラスの定理）以下、多くの公式があり、一九世紀には『算法《さんぽう》助術《じょじゅつ》』（一八四一年）のような公式集も刊行された。[*2] 手持ちの技術で解くことのできない問題が眼前に提出されれば新しい道具の開発あるいは導入が求められるが、そのような事態はほとんどなかった。近世日本の数学は手持ちの道具で十分対応できるいわば閉じた世界——しかも豊かな世界——であった。

西洋の数学を受容するためにはアルファベット、アラビア数字の他、種々の記号を理解しなくてはならない。西洋の文献が横書きであることも心理的なハードルを高くしていたかもしれない。まったく異なる様式を、どのような効果があるか不明なまま学ぶことは大きなエネルギーを要する作業である。近世日本の数学は問題意識においても技法においても、必要十分な程度に成熟して閉じた世界を形作っており、ことさら外国からの新知識の導入を必要としなかった。一言でいえば、すでに堅固なパラダイムが確立していた。

確かに安島は対数を冪乗《べきじょう》の計算を簡単にするものと述べているが、それは一般に計算の小技として受け止められるにとどまり、西洋の数学の汎用性、応用性に積極的に注目することはなかったように見える。明治になって西洋数学が導入されたとき、数学者あるいは趣味として数学を楽しんでいた者の多くは、西洋の数学を日本の数学よりも一段水準が低いと感じた。それは複雑な図形を見慣れていた者の自然な印象であり、近世日本の数学が閉じた世界を形成していた一つの証である。

もう一つ注目すべきことは、近世日本の数学が社会における現実問題とはほぼ無関係に発展したことである。近世日本においては物理学に代表される数理科学がほとんど発展せず、その基礎として数学の発展が要請されることはなかった。

関孝和像の確立

松永良弼（?～一七四四）や山路主住（一七〇四～一七七二）の時代になるといわゆる関流が完成し、免許状に見られるような教育体系が確立した。それに伴い、関孝和に帰される著作も一応確定したと思われる。先に述べたように、関は生前に『発微算法』一冊しか出版せず、また没後刊行された『括要算法』を合わせても刊本は二冊しかない。残りは写本の形で伝えられたものばかりで、どれが本当に関の著作なのかは必ずしも明らかではない。関流が完成された当時、重要なのは関流の教育体系を構成する教科書群の確定であり、必ずしも関自身の著作の確定ではなかった。もちろん関流の開祖としての関の著作の整理が行われた可能性もある。しかしその痕跡は明確な形では残っていないのである。逆に著作の整理がことさらには行われなかった可能性すらある。現代の精密な歴史学の方法論を江戸時代に期待することは時代錯誤である。

関流における問題や解法の典型を初めて明らかにしたのは久留米藩主、有馬頼徸が一七六九年に刊行した『拾璣算法』である。今日われわれが関流として意識する数学知識の総体の基礎的部分は、本書が公開した問題、解法に重なる。当時、数学に関心を持つ者にとって『拾璣算法』は関流を代表する書籍であり、本書によって関流のイメージが確定した。

記号法

記号や記述法もこの頃までには整備された。もちろん各流派による記号の改変や、その後の記述の簡易化はあった。しかしおおむね当初の記号が踏襲されたといってよい。意外なことに、江戸時代の数学者は記号をほとんど発明しなかった。式に名前をつけることは自然に行われたが、数学的概念に記号を与えるとか、計算手続きを記号化するといったことはなかったのである。彼らの用いた記号は中国伝来の算木を模した記号とそれを拡張した関によるいわゆる傍書法くらいで、それ以外にはほとんど発明しなかったといってよい。しかしすでに述べたように、彼らにとってはそれで十分であった。

見方を変えてみると、江戸時代の数学の歴史が示しているのは「記号化する」という精神活動が数学にとって必ずしも必然的な、自明なことではないということである。西洋数学の歴史における記号の変遷をまとめれば立派な一冊の書物ができあがる。たとえばアメリカの数学者、数学史家フロリアン・カジョリの *A History of Mathematical Notations* という本は三八〇ページほどの大著である。一方、西洋数学導入以前の日本の数学――アジアの数学といってもいいのだが――における記号の歴史について書いても、小さなパンフレットができるに過ぎないであろう。

解析的数学の発展

数学の内容においては、関孝和と建部賢弘らによって数値解析的な数学の第一歩が踏み出されたのを契機として、さらなる発展が見られた。特に安島直円は級数による二重定積分の計算に成功し、円だけでなく楕円などの曲線の長さやその曲線の囲む面積、さらには円柱を円柱でくり抜いたときにできる立体の表面積や体積などが計算の視野に入るようになった。これらの計算は現代数学からみても関心を引くものである（本章冒頭写真）。

一般化と難問化

江戸時代の数学はもともと個々の問題への解答の蓄積から始まり、数学者も常に数学を個別的に意識していた。それを一般化した表現へと視点を移動させた最初の数学者は関孝和であった。たとえば、すでに述べたように関は『発微算法演段諺解』の跋文を、

数学とは何のためのものかといえば、難問、易問すべてを解いて明らかにする術を学ぶためのものである。

と書き始めている。このような一般化の精神は安島直円や藤田貞資、会田安明に引き継がれた。ただし、ここでいう「一般化」というのは今日われわれが考えるような数学の理論体系といったような意味での一般化ではなく、あくまでも個々の問題における一般化である。つまり一般化といっても、今日の解析幾何学によって平面幾何学の問題の多くが理論の応用問題となるといったような劇的なものではなく、問題のある程度の類型化がなされる程度のものに限られた。関は抽象的に数学を考えたが、しかしそれを的確に表現する言葉——対象、概念の記号化など——を十分に持たなかったため、明確に述べることができなかった。

それはともかく、数学の一般化とともに、記述の簡潔さも意識されるようになった。端的にいえば、中国の伝統である文章による表現を少なくし、かわりに傍書法などの数式による表現を多用するようになったのである。関は『発微算法』をすべて漢文で書いたが、それはきわめて冗長であった。対して建部賢弘は、『発微算法演段諺解』において式を多用して解説をした。それ以

降、漢文による記述は次第に式にとって替わられるようになったのである。
さて、問題の一般化と記述の簡潔化が進められた一方で、巷間では問題の難問化が進んだ。遺題の継承によることは誰の目にも明らかであった。そのことを批判した一人が藤田貞資で、彼は『精要算法』（一七八一年）の序で、数学には「用の用」「無用の用」「無用の無用」の三種があるとした。用の用とは商売、貸借、度量衡、建築、国政、時刻など、人間社会に有益なすべての数学を指す。一方、無用の用とはそれ自身は社会にとって急を要する数学ではないが、学んでおけば役に立つこともあるもので、これに対して無用の無用というのは、複雑さを最大の評価基準とするような、問題のための問題のことをいう。ちなみに「無用の用」というのは『荘子』に何度も出てくる用語で、藤田はこれを敷衍したのである。藤田は次のように述べている。

近年の数学書を見ると、問題に点、線が複雑に交じり合い、式の係数は複雑である。これらの問題は数に迷って理に暗く、現実を捨てて虚構に遊び、商売、貸借のような問題のなかにも優れた数学者でさえ悩ませる問題があることを知らず、それらを卑しいものとみなし、自らの奇怪な研究を示すことで人に誇るための材料にすぎず、実に世のなかに無用なものである。

藤田がこのような批判をせざるを得ないほどに、当時「無用の無用」の問題が氾濫していたともいえる。しかしそれは歴史的にはやむを得ないことでもあった。すなわち、遺題などによる問題の蓄積が難問化を招くことは必然であり、数学者の根本課題は与えられた問題の解法にあった。今日のわれわれの批判に値するような数学の問題、解法が、彼らにとって必ずしも目標であったわけではない。われわれから見れば類型化した難問の蓄積であっても、当時それらを生み出した人々にとってはそれぞれが（進むべき方向性を見失っていたとしても）意味を有する蓄積であった。

このように、数学界の内部からも反省の弁が述べられるほど混沌としつつ、数学が展開したのが一八世紀である。見方を変えれば、それだけ数学を研究、楽しむ者が増加したということでもある。江戸時代の数学はこのように発展し――あるいは変容し――最高潮を迎えるのである。

第二節　数学界を憂える松永の手紙

松永良弼と久留島義太

前節で藤田による数学界への批判に言及したが、実はそれ以前にも同様の批判を述べた数学者がいた。松永良弼である。松永は関流の二伝と伝わる数学者で、建部賢弘や中根元圭の成果を受けて、無限級数計算をさらに発展させ、円周率を五一桁まで計算した点で注目される。もっとも有名な著作は『方円算経《ほうえんさんけい》』（一七三九年）である。[*3] 松永は関流の確立に貢献したとされる一方、その多岐にわたる業績については独創性が認められないとの評価も多い。しかし大変な実力者であることは間違いなく、今後の研究次第ではその数学者像が一転する可能性もあり、注目すべき数学者の一人である。

松永はもと久留米の有馬家の浪人で、荒木村英に数学を学び、一七三二年、磐城《いわき》平《たいら》藩主内藤政樹（一七〇三〜一七六六）に召し抱えられた。当時の同僚に久留島義太（?〜一七五八）がいた。久留島は松永に先立つこと二年、一七三〇年に平藩に召し抱えられていた。久留島はきわめて独創的な数学者で、級数、極値問題、オイラー関数などの研究の他、関孝和の『解伏題之法』に述べられた行列式の展開の誤りを訂正し、いわゆるラプラス展開を得るなど多彩な成果を挙げた。

しかし、久留島は自らの業績を残すことに関心がなく、現在、山路主住ら弟子によって蒐集整理された遺稿が残存しているにすぎない。戸板保佑が山路より伝写した『関算四伝書』には『久氏遺稿』『久氏弧背術《きゅうしこはいじゅつ》』など二九書が含まれている。[*4] 久留島は詰将棋でも有名で、特に曲詰め（駒の最初の配置や詰め上がった時の配置の美しさを追求したもの）では江戸の三大作家の一人とも呼ばれ、『将棋妙案』『橘仙貼壁《きっせんちょうへき》』などの作品集がある。

久留島宛て書翰

さて、この久留島に宛てて出したと思われる松永の手紙が残っている。[*5] この手紙は松永が亡くなる前年、一七四三年に書かれたもので、当時の数学界が技巧に走り、難問を重視する風潮に陥っている現状を批判するものとして知られている。ここではその後半の一部分を少し長いが読んでみよう。

荻生徂徠氏の『学則』は数学を論じて、今の数学者を見ると、種々の技巧を設け、その精密さを自慢しているが、実際には世に無用である、と述べています。

徂徠の数学に対する批判のほとんどはとるにたりません。ただこの批判だけは正しいのです。この批判は現在の数学者の弊害に対して述べたものでしょう。昔の数学書を読んでみると、皆卑近な日用のことです。数学は世に利益をもたらし、日常に有用なものです。聖人の六芸に数学が列せられているのも、このためです。数学を用いれば陰陽も明らかにでき、道徳の道にも近づくことができましょう。

ところが『根源記』にある一五〇題はその多くが作為的です。そのため点、線が交差し、式も二次、三次となってしまいました。これは数に迷い理に暗く、現実を探らず空虚の世界に遊んでいるというものです。

これが徂徠氏に一言述べさせた所以でしょう。『根源記』の後、数学書を著す者は皆『根源記』を手本として、ますます技巧的に、ますます奇怪になりました。しかしながら、彼らは租税の計算は知らず、築城の役目は果たせず、日々の暦の精確な値も知りません。瘋癲漢《ふうてんかん》にちかいというものです。

私の先の先生関孝和先生の著述は、解法は述べていますが遺題はありません。おそらくこれには意味があるのです。関先生が没して後は建部賢弘先生が後を継ぎました。建部先生が没して後を継ぐのは一体誰でしょうか。

今、数学の先生と称する者を見ても論じるに足る者はおりません。彼らが好むのは皆徂徠氏の批判するところを出ることができません。彼らについて学んでいる者も当然そうです。あなたの数学は世に並外れて傑出し、独立独歩の地位を天下に築いています。そして幸いなことに仁君［内藤政樹］の信頼を得て、平生無事過ごされています。どうしてこれまでの見識を集めて一書を著し、それを秘庫に納めておかないのでしょうか。たとえ現在知る者がなくとも、後世あなたを継ぐ者がいないとは限りません。それなのにどうして一々小問を設けて、技巧的な解答を作り、それを楽しんでおられるのでしょうか。

私は若い頃すでにそう思っておりました。浅い段階から深い段階に至り、卑近な段階から高尚な段階へ及ぶまで、一筋の道筋を立て、それを縦糸とし、その脇道、行きわたる技、補足する術を、難易を皆横糸とするのです。

私は五〇歳になってからそれを書こうと思っていましたが、今や五〇となり、まさにその思いを遂げようと思うと、残念ながら病を得て、眼もかすみ、気力も萎え、その願いもすべてむなしくなってしまいました。若い頃、五〇になってから書こうと思ったのは誤りだったと知りましたが、月日が進み戻らないのはどうしようもないことです。（以下略）

最後の一段は身につまされるようで、なんともわびしい限りである。それはともかく、ここで槍玉に挙げられている『根源記』は佐藤正興が一六六九年に著したもので、全三巻のうち、上巻と中巻はそれぞれ『童介抄』と『算法闕疑抄』の遺題を解いたものであり、下巻は自作の遺題一五〇問を列挙したものである。すなわち全編が遺題に関する書物だったわけで、その意味では松永が奇巧にして無用の典型として採り上げてしかるべき一書であった。

松永の手紙のこの部分の主眼は、難問の非体系的な累積という数学の現状を前にして、その軌道の修正を久留島に託した点にある。難問の解法に熱中している者をもっと別の方向へと牽引することのできる著作を久留島に託しているのである。単なる数学界への批判ということならば最後の一段はいささか恨み言に堕した観を与える。しかし久留島を除いては現状を打破できる者はもはやいないのだ、という叱咤激励として読むならば、この手紙はいわば松永の数学界への遺言ということになろう。

松永の考えるめざすべき方向とは、組織立った理論の展開である。「浅い段階から深い段階に至り、卑近な段階から高尚な段階へ及ぶ（浅より深に至り、卑より高に覃《およぶ》）」数学の記述である。そのような展開はユークリッドの『原論』に典型的に見られるものである（先にも触れたが、ユークリッドの『原論』は『天学初函』に含まれる形でその一部が日本に舶載していたものの、日本においては格段の影響を与えることはなかった）。もちろん松永がそれほどまでに厳密な体系を意識していたとは思えない。しかし何らかの組織的な研究とその記述が現今の課題であり、久留島にはそれが可能であると考えていたことは確かである。そうだからこそ、「それなのにどうして一々小問を設けて、技巧的な解答を作り、それを楽しんでおられるのでしょうか」と叱咤しているのである。

この書簡で採り上げられた徂徠による批判の矛先は、数学が「世に無用である」点に向けられている。徂徠はこの手紙に書かれたこと以外にも数学を批判していたに違いない。それらを松永は「ほとんどはとるにたりない（徂徠の数を論ずること、皆執に足らず）」と切り捨てる。しかし同時に、難問解きに熱中する者が「租税の計算は知らず、築城の役目は果たせず、日々の暦の精確な値も知らない」と述べ、数学が世の中の役に立っていないという批判は肯定している。その一方で松永は、批判されている数学者の一員として、そのような現状の打破が可能だと考えていた。自分自身は時期を失してしまったが、それを久留島ら、後生に託したのである。

とはいえ、現状を打破し、数学の向かって行くべき方向とはいかなる方向かといえば、残念ながらそれを松永は明確にしていない。そもそも組織だった理論を展開したからといって、それが世に有用かどうかはわからない。

江戸時代、卑近な日常生活に役立つ数学、世に利益をもたらす数学、といった素朴な意味での効用はそれまでの数学がすでに達成しており、ことさら社会から「この問題を数学的に解明してほしい」と新たな課題が提出されることはなかった。日常生活においては『塵劫記』とその傍系の書物群が必要な計算知識を提供し、社会の基礎として定着しており、社会もそれ以上の数学の技術を特には要請しなかったのである。たとえば暦術においては中国を経由して輸入された球面三角法など数学者の登場する場面もあったが、改暦研究において数学者が中心に位置していたとはいい難い。また、たとえば土木のための計算や確率など、日常からの課題の提出を受けて数学が発展する可能性はあり得たが、歴史はそのような展開を見せなかった。

一般論として、素朴な計算技術の段階を過ぎると、数学が社会に有用性を発揮する場面は抽象的になり、日常からは眼に見えなくなる。その一方で、数学の有用性は格段に高まる。いちじるしく科学技術が進歩した現代においても、社会における数学の有用性を明確に説明できる者はむしろ少数であろう。高度な数学が社会に役立つということは、言葉でいうほど自明ではないのである。

数学者でない徂徠は社会的な側面から数学の現状を「世に無用」と批判し、一方、数学者の松永は数学内部の問題として、数学は個別の難問の累積を廃して、むしろ組織的な理論の構築をめざすべきであると主張した。徂徠と松永の発言は、数学の本質を巡ってわれわれの興味を喚起する。

松永がこの手紙を書いたのは一七四三年で、『根源記』の書かれたのは一六六九年であるから、すでに七〇年以上が経過している。『根源記』はそもそも初めて天元術を理解したといわれる沢口一之の『古今算法記』(一六七一年)や、いわゆる傍書法を駆使した関孝和の『発微算法』(一六七四年)よりも以前の著作である。松永が『根源記』をもって批判の例とするにはいささか時代錯誤の感はある。しかしながら当時、そのような非体系的な難問の蓄積、あるいは難問とまでいかなくとも、世に無用な問題の蓄積が現前しており、その契機としての『根源記』が同時代性を帯びて命脈を保っていたのであろう。

第三節　近世の数学観

数学の三階層

江戸時代の人々にとって、数学、あるいは数学にかかわる者は大きく分けて三つの階層に分かれていた。

第一に、『塵劫記』などに代表される初等的、日用的な数学と、それを学んで日常生活に数学を生かしていた人々がいる。ここでいう数学は日常生活における計算のために必須の数学で、いわゆる「読み書きそろばん」というときの「そろばん」に位置づけられるものである。人々はこれらの数学を家庭、寺子屋などで往来物と呼ばれる教科書によって学び、役人は検地や税の徴収などに、一般の人々は商業活動やそれぞれの専門職に要求される計算に役立てたのである。

第二に、趣味としての数学と、師匠に入門してそれを嗜む人々である。もともと近世日本の数学の契機となった中国の朱世傑による『算学啓蒙』にも単なる日用を超えた問題があり、また『塵劫記』の遺題以降、平面幾何の問題を中心として、日用とは無縁な数学の問題が巷間に見られる状況になると、数学の応用よりも数学自体に興味、関心を持つ者が多く現れてきた。これらの者は互いに問題を提出し、算額を神社に掲額するなどして数学を楽しんだ。正月には師匠に付け届けをすることもあった。俳句を趣味として嗜むのと同じ感覚で数学を学んだのである。

第三に、もう一段階上の数学がある。これはいわゆる数学の教科書を出版するような師匠クラスの者の数学である。教科書ではすでに数多くある問題とその解答が整理、取捨選択されており、その編集は趣味を超えた知的活動といえる。趣味として数学を学ぶ者にとっては個別の問題作成とその解法がすべてであるのに対して、これら教科書の著者は一定の数学観を有し、それを具体的な問題の列挙によって主張した。さらなる新しい発想により新規の技法の開発を企てる者、あるいは漢訳された西洋数学や西洋数学に関心を持つ者も稀ではあるが現れた。これらの専門的著作は多くの場合、刊行されずに自筆の稿本が写される形、すなわち写本として広まった。近世、日本の数学において数学的業績を残し、歴史に名を残したのは、この第三の階層の者である。

趣味的数学と専門家的数学

荻生徂徠が批判した「世に無用である」数学とはもちろん、第二の階層の者により趣味として生み出された膨大な数の平面幾何や立体幾何の問題・解答群であった。と同時に、徂徠の批判は趣味として楽しむ人々へ教科書を提供する第三の階層の者への批判でもあった。それに対して松永良弼は第三の師匠レベルの者による改革を求め、主導者として久留島を想定したのであった。

ところで、松永は久留島に対する手紙の中で、久留島に「どうして一々小問を設けて、技巧的な解答を作り、それを楽しんで」いるのかと苦言を呈していた。これは第三の専門家の階層にいるはずの久留島が第二の趣味の階層にいわば堕落したことに苦言を呈しているのである。しかし、数学は個々の問題――たとえば平面幾何の問題――のなかにも、美しい結果、興味や関心を引く結果を含む学問である。久留島にとっては自らの数学が専門的であるか趣味的であるかなど元々眼中になく、感興の向くままに数学を楽しめればそれで十分だったのだろう。となると、第二の趣味的数学と第三の専門的数学の区別、境界も前項で分類したようには明確でないことに気づく。数学を教授し著作を刊行する者と数学の塾の門人とは明確に区別できるが、その活動の対象である数学そのものは、そもそも分離できないのである。

第一の日用数学を用いて生活をしていた人々にとって「数学」とはまず珠算による計算のことであり、ついで神社などに掲額された算額や、本屋、貸本屋にある高度な数学書に見られる平面幾何や立体幾何の問題であった。珠算計算はこの第一の者自身が実践者であったが、平面幾何や立体幾何の問題は漠然と数学というものをイメージさせる程度のものであった。大半の人々にとっての数学とは、いみじくも松永が述べているように「点、線が複雑に交差」した図形に関する計算を意味していた。

第二の趣味として数学を楽しむ人々にとって数学とは、主として平面幾何や立体幾何の問題を作成し、解答することであった。その典型は刊行された高度な公式集などの数学書や、おそらくは師匠や門人仲間を通じて得られる写本、さらには神社などに掲額された算額に見られるものであった。これらは文字通り「点、線が複雑に交差」した図形に関する複雑極まりない計算であった。しかしそれを遠くから眺めるだけでなく、実際にそれを解決することができるところに、第一の階層の人々との決定的な差があった。

数学と道学

それでは第三の階層の、教科書を刊行し、専門的な研究を行った者にとって、数学とは一体何であったのか。実はこれは難しい問題である。すでに引用したように、関孝和は建部兄弟の『発微算法演段諺解』の跋を、

数学とは何のためのものかといえば、難問、易問すべてを解いて明らかにする術を学ぶためのものである。

と書き始めている。これは確かに——現代においてさえ——真実であり、理想であろう。関のこの言明は数学の本質を技術的側面から述べたもので、そこに儒学思想の香りは皆無である。これに対して関孝和の遺著とされる『括要算法』に儒学者の恬軒岡《てんけんこう》張《ちょう》が与えた序文は、次のように始まる。

最初に万物の根源たる太極が分かれて陰陽の二義が生じる。この陰陽の順列により四個の象が生じ、これにさらに陰陽を区別して八個の卦が生じ、これらの卦二つの順列により全部で六十四個の卦が生じるから、陰陽の爻《こう》三百八十四個を取り出し、これを敷き並べて六十四卦を表現し、それぞれの卦についてその解釈を深めれば、限りない無数の現象の把握に到達し、数によって天地の現象を理解しきれないということはない。

そもそも物があれば、それらを支配する法則というものがあり、現象があれば、それらを支配する数というものがある。万物の根源たる一を欠けば容易に理解できず、道に沿って進むことができない。数とはなんと行き届いたものであろうか、大きい数は天地をその内にそなえ、陰と陽をまとめ、鬼神に深く立ち入ってその心を推し測り、変化を知り、それによって道学における永遠の根源を明らかにする。

「太極」とは宇宙万物の本体、万物生成の根元のことで、これから二つの対立する要素、すなわち陰と陽（二義）が生じる。「四個の象」とは陰、陽の順列によって生じる四つの状態、すなわち老陽（陽陽）、少陰（陰陽）、少陽（陽陰）、老陰（陰陰）のことで、これらは夏春秋冬に配当される。これにさらに陰、陽を付加したのが「八個の卦」である。具体的にいえば、乾《けん》（陽陽陽）、兌《だ》（陰陽陽）、離《り》（陽陰陽）、震《しん》（陰陰陽）、巽《そん》（陽陽陰）、坎《かん》（陰陽陰）、艮《ごん》（陽陰陰）、坤《こん》（陰陰陰）

で、これらは自然現象では順に天、沢、火、雷、風、水、山、地に配当され、性情では順に健、説、麗、動、入、陥、止、順に配当される。そして、二つの卦の順列によって「六十四個の卦」が生じ、広範複雑な万象はこの六四卦によって説明されるのである。爻というのは陰陽を著す二種の横画記号のことで、六四卦は全部で三八四爻からなる。これらの解釈を深めれば、天地の現象がすべて理解できるというのが儒学の根幹である。そしてここに一、二、四、八、六四、三八四といった数が現れることから、「そもそも物があれば、それらを支配する法則というものがあり、現象があれば、それらを支配する数というものがある」ということになる。そして、その最初の一はもっとも単純な数であるにもかかわらず、「万物の根源たる一を欠けば（宇宙は）容易に理解できず、道に沿って進むことができない。数とはなんと行き届いたものであろうか」と続くのである。

この論理にはいかにも牽強付会の観があり、数学者が実際に数学をこのように儒学思想の枠組みで捉えていたかどうかは疑わしい。儒学の後ろ盾を得ることによって、数学の学問としての権威付けを得ようとしたというのが実際のところであろう。しかし当時、儒学思想により宇宙がこのように理解されていたことも事実である。しかもこのような理屈は数学書の本文にとって不都合な点は皆無である。そこで多くの数学書の序文はこのような儒学的な記述になっており、加えて著者も読者もこのような説明に満足していたのである。

ちなみに、『括要算法』の序文は数学に関する故事を引き合いに出しつつ、さらに重厚に書き進められ、ついに次のように締めくくられる。

近頃、彼（著者の大高由昌のこと）は人を使いによこし、私に本書の序文を寄せてほしいと願った。私はもともと数学には詳しくなく、まだ本書の奥義を考える時間はないが、それでも一般の数学を研究する人が、本書によって熱心にその要点をまとめることができれば、そのときには卑近な観点では国家の急務に対応し、遠大な観点では道学の根本をうかがい知ることのできるようなことがここにはある。

数学は道学に外ならないということを少しばかり述べて、それで本書のはじめを飾りたい。

道学というのは儒学、特に中国宋代の朱子学、すなわち宋学のことである。このようにして数学はついに儒学に吸収されてしまったわけで、これは数学に関係する者にとってむしろ好ましい状況に違いない。近世の数学書の著者には一般に、この序文にみられるような漠然とした感性が共有されていたように見えるが、しかしそれは一種の偽装であったのかもしれない。松永の書簡や『発微算法演段諺解』に与えた関の跋にはこのような儒学臭さなど皆無である。近世日本における数学観の問題とは、儒学的世界観と数学との、いわば虚実皮膜を探ることである。

＊1　横塚啓之「日本の江戸時代における対数の歴史［縮約版］─1780〜1830年頃を中心として─」『数理解析研究所講究録』第一六七七巻（京都大学、二〇一〇年）一一三ページ。
＊2　土倉保編著『新解説・和算公式集　算法助術』（朝倉書店、二〇一四年）に詳細な解説がある。
＊3　平山諦・内藤淳編集『松永良弼』（松永良弼刊行会、一九八七年）に東北大、東京大学、日本学士院所蔵の三六書（書簡も含む）が翻刻されている。
＊4　加藤平左ェ門『偉大なる和算家久留島義太の業績（解説）』（槙書店、一九七三年）に解読がある。
＊5　平山諦・内藤淳前掲書、六四四〜六四七ページに「古人書簡」として収録されている。この名称は旧蔵者、岡本則録による。この書簡には宛名も日付もないが、松永の亡くなる前年、久留島に宛てたものであるという推定に従う。

第六章　流派と教科書——数学の標準化

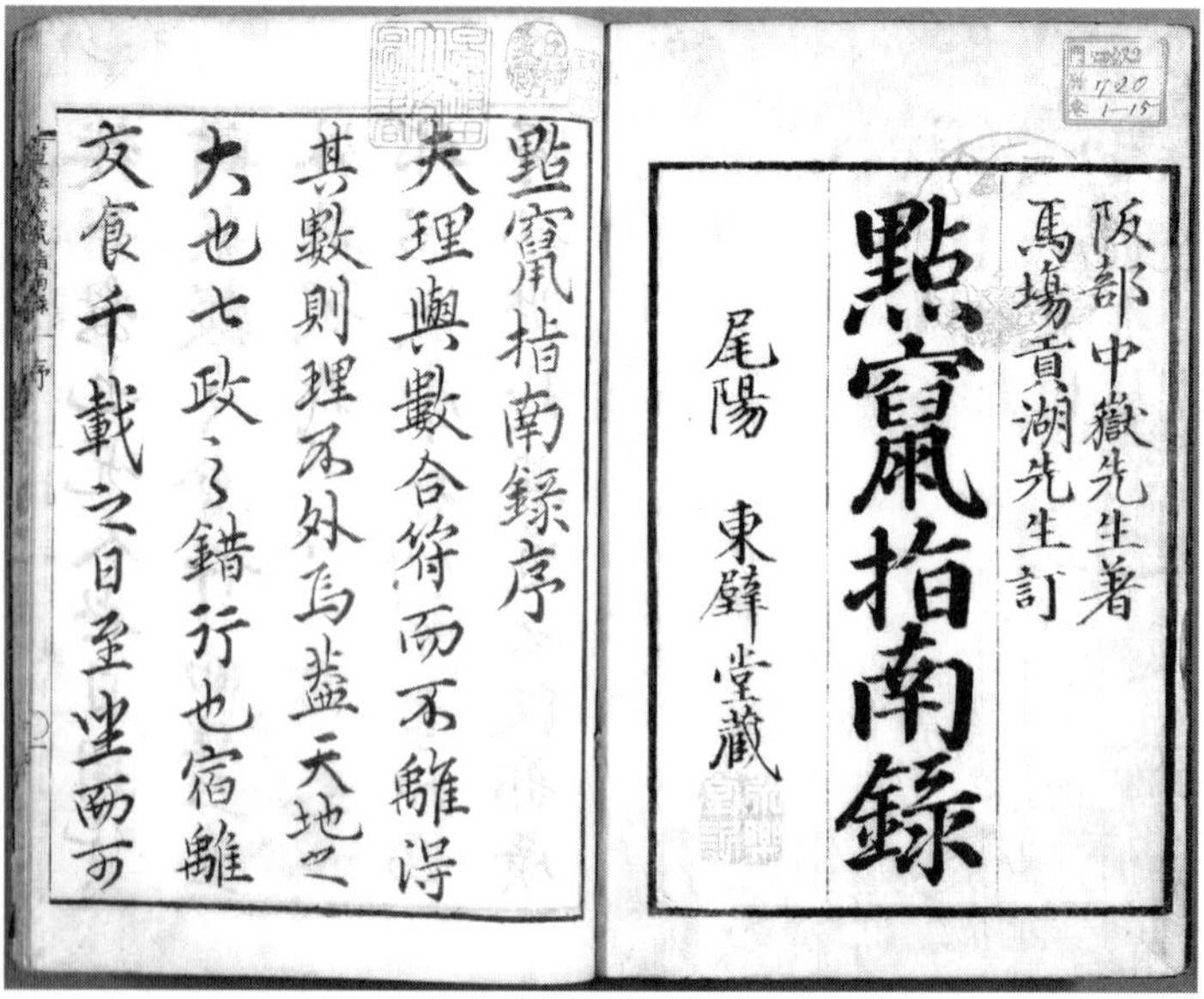

坂部広胖『算法点竄指南録』（早稲田大学ニ02-00720） 19世紀を代表する教科書の一つ。本書は全15冊の大著でそれまでの数学を教科書として集大成している。最初の３巻に問題と術文が全部で196題提示され、第４巻以降で詳細な解説と補足事項が述べられる。対数表が掲載されている点も大きな特徴である。写真は名古屋東壁堂の文化12年（1815）版。

一九世紀になると、懇切丁寧な優れた教科書が著されるようになった。数学を志す者はこれら優れた教科書を読み、また数学の塾へ入門をして学んだ。こうして数学は江戸時代の文化の一翼を担うとまでいえる状況となった。本章では一九世紀初頭、文化文政時代の人々の数学の学び方を、至誠賛化流《しせいさんか》における門人の活動と坂部広胖《こうはん》による教科書『算法点竄指南録《てんざんしなんろく》』（一八一〇年序）とを通して眺めてみよう。

第一節　数学の学び方を考える

古川氏清の至誠賛化流

至誠賛化流は古川氏清《ふるかわうじきよ》が創始した流派である。古川氏清（字は珺璋《くんしょう》、不求と号した）は一七五八年生まれの旗本で、一八一六年から一八一八年にかけて勘定奉行であった。古川は同じく御勘定だった中西流の関川美郷、安井藤三郎に数学を学び、さらに山路主住門人で御天主番だった栗田安之にも学んだ。古川は自らの数学を三和一致流と称していた。これは中西流、久留島流、関流を学んだことを指している。その後、自ら至誠賛化流を創始し門人を育成し、一八二〇年に没した。「至誠賛化」とは「至誠をもって天地の化育に賛す」意である。[*1] これは直接数学に結びつく名称ではないが、そのような精神で数学研究に切磋琢磨せよという主張を含むのであろう。氏清の著作としては、

『応響算法』二巻　（一七八三年）
『古川氏算額論』　（一七八四年）
『藤氏算題五条答術』　（一七八七年）
『交式斜乗演段審解』　（一七九一年）
『円中《えんちゅう》三斜《さんしゃ》矩合《くごう》』　（一七九八年）
『算則』　（一七九八年）
『算籍』二二二巻　（一八二六年）
『矩合輯略《くごうしゅうりゃく》』[*2]
『算法慎始《さんぽうしんし》之巻《のまき》』（編）
『風箏全書』（『紙鳶全書』とも）二編
『井田考《せいでんこう》』
『精要算法《せいようさんぽう》鈎股《こうこ》内容《ないよう》菱《りょう》算題《さんだい》術解《じゅつかい》』

がある。氏清は一八二〇年に没したから、『算籍』は氏清没後の遺著、あるいは門人による編集である。『算籍』は、一七九三年より一八二六年まで三〇年以上にわたり蒐集した幾何学の問題を収録したものであり、その目録の形式などから長谷川弘の『算法助術』の見本と目されている。

『淇澳集』

『淇澳集《きおうしゅう》』という至誠賛化流の門人達の学習成果を集めた書物がある。ここには一八〇八年から一八二八年に至るまでの門人の作成した問題と答、場合によってはコメントが年毎に収められている。いわば門人の一年間の成果をまとめた「年報」である。登場する門人の総数は一五八名を数える。[*3] これは二一年間の総数であるから、平均すると毎年七名以上の新規入門者があった計算である。門人の大半は専門の数学者をめざしたというよりも、主として平面幾何の問題を作り、また他の門人が提出した問題を解いたり、鑑賞したりすることを楽しんだ。門人たちは天元術や点竄術《てんざんじゅつ》――天元術は一変数の方程式を作る方法、点竄術は今日の整式に匹敵する数学の記述方法――を学んだ後、他の門人に対して問題を堂上に掲げ、他の門人たちはその解答の速さを競い、問題や解答についてしばしば議論し合ったのである。

他流派で門人の活動を組織的に記録したものはなく、各流派の活動の様子はわからない。その点で至誠賛化流の情報は貴重である。

門人の活動

『淇澳集』の冒頭には出題、議論を巡る作法が書かれている。これは珍しい記録であるから、ここに引用しておこう。

一　ある人に向かって問題を掲げるときは、その人を名指して問え。誰といって目当ての人がなく、全体に問題を出す場合には、「これを皆に問う」と記せ。問題を解き、解答するには、問題が要求する解答の複雑さにもよるが、およそ一ヶ月から二ヶ月の間にせよ。

一　全体に対して提出されたものに答えを与えることができなければ、皆が負けたことになるから、熱心に解いて先を争って答えを示せ。ただし、まったく答えがわからない場合には、首座《しゅそ》にその解法を尋ねよ。

一　問題の作成にも答の作成にも一切他人の力を借りてはならない。このとき、問題を解き、解答するには点竄を用いるのを第一等とし、天元術などを用いるのを第二等とする。とはいえ、修行の度合いがそれぞれの人の仕方によって異なるから、まったくこの制限にこだわることはない。

以上の作法をよく守り、工夫して述作すべきである。もちろん、他流派の者と交わり当流のことを話すことは固く禁ずる。したがって、他流の者の問題をこの学板に入れることは許さない。

文化五辰正月日

これらの作法を読むと、門人の日々の活動が目に浮かぶようである。

最初の作法によれば、作成した問題を公開するには二通りある。一つは親しい仲間を指名して公開する方法、もう一つは特に指名せずに公開する方法である。たとえば、入門したての頃にはまだ知り合いも少ないだろうから、皆に向かって問題を出し様子を伺うであろう。そのうちに同程度の実力を持つ親しい友人もでき、その仲間に向かって問題を出して楽しむ。ベテランになれば、親しい友人に向かって出すこともあれば、門人全体に向かって出すこともあるだろう。このように、仲間に向かって問題を公開し、また仲間の作った問題を競って解くのが門人達の楽しみであった。至誠賛化流が切磋琢磨せよと激励しているのも、このような活動であった。

平面幾何の問題は、いくつかの例を見れば、容易に同様の問題を作ることができる。一方、それを解くには平面幾何の公式を知る必要がある。見た目は簡単なものでも難解な問題もあり、方程式が複雑になってしまうものや、方程式の次数が高くなって実際にそれを解くことが不可能なものもある。互いに他人の作った多くの問題を見て、自らも問題を作成し、問題作成の能力、解答する能力を高めてゆくことが至誠賛化流の目標であった。常套的な問題であれ、特殊な問題であれ、平面幾何の問題は豊富に作ることができ、解法時の公式の適用のしかたも千差万別である。

多くの者がそれぞれの興味のあり方にしたがって、いろいろな問題を作ることができ、それを鑑賞することが可能であった。当時の人々は数学に底知れぬ奥深さと果てしない広がりを感じ、十分に楽しむことができた。

第二の作法には、公開された問題の解き方がまったくわからない場合には首座に解法をたずねよ、とある。首座は主席という意味である。門人のなかでもっとも実力のある者は首座として後輩の指導にもあたったのであろう。禅宗において首座は修行僧の第一位の者を指す言葉である。

第三の作法は「点竄」を用いて問題を解くのを第一等、「天元術」によるのを第二等としている。点竄は複数の未知数を取り扱うことができる一般的な方法で、簡単な問題にも難しい問題にも適用できる。一方、「天元術」は一つの未知数しか扱えないから、解くことのできる問題が限られる。そこで点竄を第一等、天元術を第二等とするのである。入門して最初に学ぶのはもちろん天元術である。

ところで、第一の作法の冒頭に「ある人に向かって問題を掲げるときは」とある。この「掲げる」というのは作法末尾にある「学板」に問題を掲げるという意味である。至誠賛化流では問題を提出するときには「学板」を用いたことが窺えるが、詳細はわからない。文字通り板に墨で問題を書いたのかもしれないし、板に問題を書いた紙を貼ったのも知れない。江戸時代には作成した問題とその答、術文を絵馬のように仕立て、神社などに奉納する習慣が大流行していた。それを模倣した作法であったことは確かである。

『淇澳集』に掲載されている門人の動向を詳細に調べてみると、一〇年にわたって問題が掲載され続けた者も、一、二年で消えてしまった者も、途中の空白期間をはさんで再度問題が掲載され始めた者もいる。[*4]門人歴の長い者はもちろん流派内で一定の地位を占め、一目置かれたであろう。また、しばらく離れた後、戻ってきた者は旧友らに懐かしく迎えられると同時に、いつの間にか新たな知らない門人が増えたことに時の経過を感じたことであろう。まさに現代のわれわれ同様の趣味として数学を学ぶ文化があったのである。

免許状

至誠賛化流においては、その習得の程度により初伝から四伝までの免許状が発行された。『至誠賛化流目録大全』には免許状の例が記されている。今、その四伝の免許状の例を見てみよう。

難問を解こうとする者は心を落ち着けて題意を見きわめ、解が難しい時には点竄術によって方程式を求めて、商を見出すものである。とはいえ、その技術は千変万化で多様であり、その絶妙さは言葉では言い尽くせない。喩えていえば、敵の兵力を見て、その強弱を推察して、奇襲攻撃をするか正面攻撃をするか決め、相手の心を屈服させるようなものである。不思議なことに、学者が注意深くその隠された真実を悟るとき、玄妙な境地に到るのである。まことに臨機応変の神術である。なお術の説明は口伝による。

極形術《きょくけいじゅつ》
極数
求積増約《きゅうせきぞうやく》
綴術《てつじゅつ》
円理
弧背

右の一巻は切磋琢磨した成果である。秘伝とはいえすべてを相伝する。他の者の耳目に触れることは固く禁ずる。

古川山城守氏清
古川新之丞氏一
壇堪左衛門益昌　印
道体伊三次継　印

最初に序言があり、その後に習得した単元として極形術、極数、求積増約、綴術、円理、弧背が列挙されている。これらの単元を習得したことをどのように判定したのかはよくわからない。口頭試問のようなことをしたのであろうか。四伝というのは免許皆伝にあたるもので、首座候補、場合によっては家元候補である。ここに列挙された単元はたしかに江戸時代の数学の最高峰に位置する計算法である。

初伝から四伝までの内容は次のようになっている。これらの単元を習得することで、順に免許を与えられた。

初伝　算顆術、見位法、開平方、開立法、算籌術《さんちゅうじゅつ》
二伝　天元一、演段
三伝　極、太極、両儀、三才、点竄、真術、行術、草術、翦管《せんかん》、剰一朒一《じょういちじくいち》、垛術《だじゅつ》、交商
四伝　極形術、極数、求積増約、綴術、円理、弧背

初伝は平方根(開平)、立方根(開立)を始めとする基本的な計算を習得したことを証明するものである。

二伝は数係数の方程式による問題の解法を習得した者に与えられた。「天元一」というのは数値係数の方程式によって問題を解く方法、「演段」というのはその解法を詳細に述べる方法のことである。

三伝では「点竄」がもっとも重要である。平面幾何、立体幾何の大半の問題は文字係数の多項式を用いなければ解決できないから、点竄術の知識は必須である。逆に点竄術を知っていれば、三伝の内容をすべて習得しなくても、さしあたり幾何の問題を楽しむことはできる。その意味では三伝を得た者は必ずしも多くなかったと思われる。

四伝に挙げられた項目のうち極形術以外は平面幾何の問題を解くのに直接関係がない。そこで、四伝まで登り詰めた門人はさらにわずかであったであろう。そもそも四伝は自ら希望するのも憚られる類のものであったかもしれない。四伝を受けようという者は単なる幾何の問題を解くこと以上に数学に興味を持った者であり、流派内で他の者に対して師匠に匹敵する指導をしていたと思われる。実際、至誠賛化流の師匠を取り巻き、流派の運営の中枢を担っていた者達は通常の門人よりも広範な数学の著作を読んでいた。たとえば、開祖古川氏清の著作『交式斜乗演段審解』は、関が『解伏題之法』において展開した行列式による連立高次方程式の未知数消去理論を解説したものである。四伝クラスの者はこのような高度な数学を学ぶことで、流派内での尊敬が得られたに違いない。まさに「切磋琢磨」した実績が認められて、初めて四伝の免許を授与されたのである。

ところで免許状には「秘伝とはいえすべてを相伝する。他の者の耳目に触れることは固く禁ずる」とある。流派内では「相伝」されたことは周知の事実であったろうが、それを他流の者に話してはならないという。近世日本の数学においては、数学の内容が流派によって大きく相違することはほとんどなかった。その点では流派の内容を秘密にすることに大きな意味はないのだが、これは数学の流派が他の分野の流派のあり方を模倣した結果であろう。他分野の流派の組織を模倣することで、数学を学ぶ者は自派の社会における存在感を主張したのである。

第二節　『算法点竄指南録』

最高の教科書

江戸時代にはどのくらいの数学の師匠と、数学を趣味とした人々が存在したのであろうか。人数はわからないが、数学書の数は江戸出版書肆の開板・販売許可の公的記録である『割印帳』を見ると、ある程度わかる。[*5]『割印帳』には一七二七年から一八一五年までの戯作、草双紙・絵本を除く七六三九点が記録されており、その内数学書は七七点である。これは全体の一パーセントにあたる。特に一パーセントを超えているのは、

明和年間（一七六四〜一七七二）、八九五点の内一三点（一・五パーセント）
天明年間（一七八一〜一七八九）、四八九点の内八点（一・六パーセント）
寛政年間（一七八九〜一八〇一）、一一六〇点の内一九点（一・六パーセント）
享和年間（一八〇一〜一八〇四）、三六九点の内五点（一・四パーセント）

の四期間である。一〇〇冊に一冊から二冊弱が数学書であったことになる。これを多いと見るか少ないと見るかは意見の分かれるところであろう。しかし現在であれば全体のうちのこの程度が理系の書物であるから、それらがすべて数学書ということになる。いずれにせよ、現代と江戸時代の数学の文化を比較して、どちらが豊かであったか、簡単にはいえないだろう。

『算法点竄指南録』は一八一〇年付けの序を持ち、一九世紀の日本の数学を代表する教科書であった。江戸時代を通じて最高の教科書とも評されている。ただし「教科書」といっても現代の教科書のように理論の展開をめざすものではなく、当時の数学を代表する例題を列挙したものであった。読者は典型的な例題を学ぶことで漠然と数学というものの全体像を得たのである。

吉田光由の『塵劫記』は、江戸時代の全期間を通じて数学の入門書としての地位を保った。その本質は実学的という一点にあり、漢字とひらがなによって読みやすく書かれているのもそのためである。だが、数学はそれ自身、実学を離れたところで存在する価値を持っており、その魅力によって多くの人々を引きつけた。さまざまな教科書が著されたのは、当然の成り行きといえる。その代表格がこの坂部広胖の『算法点竄指南録』であった。

本書は実学としての数学とともに、実学を離れた数学そのものも意識されていた。一八世紀後半の著作では、有馬頼徸の『拾璣算法』（一七六九年）が関流の高度な例題を集成したものとして有名である。これは全体が漢文で書かれており、いかにも中国より伝来した数学の風情を残していた。それは有馬頼徸が久留米藩主であったことも多分に影響している。藩主として自らの著作に儒学に匹敵する「学問」としての品格を求めたとすれば、庶民の言葉遣いである漢字ひらがなまじりの文ではなく、漢文によって著すのは当然だった。これに対して坂部の『算法点竄指南録』は、序文こそ漢文であるが、本文の大半は漢字ひらがなまじりの文章で書かれている。このことは、一九世紀の数学界の裾野が広がったことを示しているともいえよう。

『算法点竄指南録』の思想

『算法点竄指南録』の「凡例」——といっても「序」に番号をつけたようなもの——に次のような一文がある。

一　しばしば数学書が刊行されて世に流布するが、解答の根拠を書かずただ解答を述べる者は自らの巧みな技を人に知らせることを優先する。そのため初心者が一所懸命に読んでみるものの、一を聞いて一を知ることもできないことが多い。よって今ここでは解答の説明をするのに迂遠になることも厭わず、解答文もわかりやすさに重点を置き、文章が洗練されていないことも顧みず、国字で書き、平仮名あるいは片仮名でルビを付ける。それは犬をからかう子供、荷籠を担ぐ男でも、数学を学ぶ意志のある者にとって読みやすく、一を聞いて十、百を理解できるようにと思ったからである。迂遠な方法をとるか速成の方法をとるかは点竄術を身に付けてから、それぞれの技量に応じて選んで使い分けるとよい。

まず、数学書はいろいろあるが、解答がなぜそのようになるのか、その理由を記さず、ただ自ら解いたことを誇ることに終始していると指摘する。読者のための詳細な説明はつけないというのが一七世紀以降二百年にわたって保持されてきた日本数学の伝統で、必要に応じて解説書が刊行された。しかしそのために概して数学を学ぶ際の敷居が高くなっていた。初心者が一所懸命学ぼうとしても、「一を聞いて一を知ることもできない」という状況だったのである。そこで、記述が迂遠になることも厭わず、読みやすくすることを第一として、文章の品格が下がっても国字とルビを用いると述べる。

当時、数学においても記述には品格というものが重んじられ、その極みが漢文による記述であった。だからこそ有馬頼徸は『拾璣算法』を著すのに漢文を用いた。学ぶのにどれほど不便であっても、文章の品格を下げることはできない。それが武士の体面というものであった。藩主ともなればなおさらである。有馬以前に武士の身分でありながら漢文でない数学書を著した者もいる。しかし藩主として有馬は『拾璣算法』は漢文で書くべきだと考えたのであろう。『算法点竄指南録』が著された一九世紀初頭においてもそのような品格の保持は意識されていた。しかし、同時にこの頃になると数学を学ぼうとする人口が増加し、武士のように体面を重視する者ばかりでなく、それこそ「犬をからかう子供」「荷籠を担う男」であっても数学を志すことがあったのである。そのような者にとって読みやすく、「一を聞いて十、百を知ることのできる」教科書をめざしたのがこの『算法点竄指南録』であった。この「凡例」は時代の変化に果敢に順応しようとする著者の宣言と読める。

なお、最後の「迂遠な方法をとるか速成の方法をとるか」云々の一文は、方程式を用いた解法に関しての記述である。今日でいえば小学校で学ぶ算数的な解き方が「迂遠」な方法であり、中学校で学ぶ方程式を立てて解くのが「速成（捷径）」の方法――点竄術――である。点竄については「凡例」の冒頭に次のようにある。

点竄の法は元祖関先生が発明したもので、当初「帰源整法」と呼ばれた。後に松永良弼がその主君磐城侯の命を受けて名称を「点竄」と改めた。これは傍書式の筆算を用い、乗除加減はもちろん、すべての方程式の説明を明快にする良法で、実際、数学の重要な方法である。

磐城侯というのは磐城平藩主の内藤政樹のことである[*6]。

最初に点竄という用語の出所を簡単に述べてから、点竄を「数学の重要な方法」としている。点竄の記述能力は現代の整式と同等であり、今日の整式の加減乗除計算は点竄でも自由にできる。除算もできるが、江戸時代に除算が積極的に用いられたことはない。

たとえば点竄術では、

$2x - 1$

という今日の整式は、

‖ 丨̸

と表された。点竄では整式の係数のみを配列し、未知数そのものは書かない。また次数の低い方から順に書く。しかしこの記述しない部分は事前に文章で補われ、前後の文脈からわかることである。これも原理的には不自由はない。

計算の一例を挙げれば、

丨̸ ‖　($-1 + 2x$)

に

||| ‖ |　($3 + 2x + x^2$)

を加えると、

‖ |||| |　　$(2+4x+x^2)$

となる。乗算は総あたりでかければよい。

問題の構成

『算法点竄指南録』は一五巻五冊からなる。その第一巻から第三巻に問題とその術文が全部で一九六問提示され、第四巻以降にその詳細な解説と補足事項が述べられる。いわば例題形式による教科書であるが、例題によって数学を構成するというのは江戸時代の数学書の代表的形式である。

第一巻から第三巻に提示される問題は金、銀による売り買いから平面幾何、立体幾何、球面幾何など多彩であるが、その配列は周到に考えられている。たとえば冒頭に金、銀による売り買いの問題が九問あり、続いて平面幾何の問題が一三問続くが、これらはいずれも比例式により解決できるものであり、明らかに解法によって問題を分類しているのである。一見異なる分野の問題が、同一の数学的原理で解決されることを経験することによって、自然に数学的精神を涵養しようとする。しかも本書の問題全体を理解すれば、当時の重要な分野をすべて把握できるようになっている。この点が当時の人々に受け入れられた根本的理由であろう。他の教科書もそのような構成を試みたかもしれないが、本書がもっとも成功した。

点竄の構成

さて、本書の読者はまず第一巻から第三巻の例題を概観した後、第四巻から読み始めたであろう。第四巻は点竄の要点を一から述べた部分で、本書の核心部分である。少し長いがその構成を列挙しておこう（括弧の中に簡単な説明を付した）。

用字和解（用語解説）
傍書略字解（簡略字一覧）
傍書下略解（省略用語一覧）
大数名（一以上の読み方）
小数名（一未満の読み方）
算籌縦横置列解（算木の置き方）
算籌縦横置列図（同図解）
算盤布数図（同例）
筆算段数傍書解（係数の表し方）

筆算正負解（負数の表し方）
傍書左右解（分数係数の表し方）
同名異名解（正数、負数の区別）
相加相減並異減同加解（加減の計算法）
相乗自乗解（乗法、二乗、三乗、四乗の計算法）
帰除傍書解（除算結果の表し方）
通分母解（分数の通分）
与寄左相消解（等式の左辺と右辺を一辺に移項する方法）
相消与相減有少異解（等式と不等式の違い）
号空数与矩合解（一辺が零になった場合の呼び方）
比例式解（比例式の表し方）
維乗解（比の計算）
対換解（比例関係による置き換え）
算盤解（算盤の図解）
算籌開除捷法（組立除法における位取り法）
商除及開方図解（組立除法による方程式の解法の図解）

本書を通読するための基本知識はここに網羅されている。ただし最後の二項、すなわち組立除法を繰り返し用いた一元方程式（次数は高次でもかまわない）の計算法は文字通り計算法だけが述べられていて、なぜこの計算法で解が求まるのかの説明はない。この方法は中国から伝わってきたもので、その昔、関孝和や建部賢弘などはその原理に関して若干考察した形跡があるが、その後も十分な証明は与えられず、経験的な方法として定着していた。

番外で扱われた項目

第四巻に続いて、いよいよ第五巻以降で問題の解説が始まる。説明は第一問から順に加えられていくが、ところどころ「番外」として必要な補足がつけ加えられている。それは次のようなものである（表題と簡単な説明を加える。一部には今日のおおよその水準をつけてみた）。

第三九術直前　平方式を帰除式にする定法（二次方程式の解の公式）（中学三年～高校一年）
第四八術直前　地方諸算法諸名目根元（年貢、検地、普請関係の用語解説）
第九九術直前　遍約術解（最大公約による約分法）
第一一三術直前　両式維乗定則（比例計算法）
第一一六術直前　零約術解（連分数の計算）　（大学一年）
第一一八術直前　剰一歉一術解《じょういちけんいちじゅつかい》（不定方程式の解法）　（大学一年）

第一五九術直前　衰《すい》垜《だ》方《ほう》垜《だ》求積法《きゅうせきほう》（冪乗の和に関する数列の和の計算法）（高校二年）
第一六一術直前　損約術解（級数の和の計算）（高校二年）
第一六八術直前　平方式顆盤術（川井久徳《ひさよし》による方程式の解法の紹介）（大学一年）
第一六九術直前　綴術解（二項展開）（高校二年）
第一七三術直前　加減代乗除表用例並小表（対数表）（高校二年）
第一七六術直前　弧三角比例解（球面三角法）（大学一年）
第一七八術直前　招差法解（補間法）（大学一年）
第一八二術直前　一八二番助術（第一八二術から第一八五術のための補題）

以上の構成、番外をみると、現在の小学校高学年から高校二年、大学一年程度の数学を扱っていることがわかる。なお、大学一年といっても高校で学ぶ微積分があったということではない。また、球面三角法などの、昔は大学の単元にあったが現在は教えられていないものや、連分数の計算のように大学の数学科で少し触れられることがあるかもしれないという程度のものも含まれている。

問題自身のなかには、次のような当時を代表する問題も含まれている。

累円問題（例第一五一問）

増約　（例第一五九問）
累約術　（例第一六六問）
円柱穿去円問題　（例第一七〇問）
十字環問題　（例第一七一問）
鉤股整数問題　（例第一八六問）
角術　（例第一八七問）
円理　（例第一九一問）
楕円問題　（例第一九五問）

「増約」（等比級数の和を扱うもの）、「累約術」（ユークリッドの互除法）を除くとどれも難問で、現在の高校生でもなかなか解けないであろう。特に「円柱穿去円問題」は円柱の側面を円柱でくり抜いてできる立体の体積や表面積を求める問題で、現在では二重積分の問題であり、理系の大学生でなければ解けそうにない難問である。また「円理」は関孝和、建部賢弘に端を発する円周率計算や円弧の無限級数展開に関するものである。このように、本書を学べば当時の数学の基礎から最高度の水準まで、全貌を鳥瞰することができた。

さらに付け加えておくと、本書には坂部広胖や門人による新研究の成果も取り入れられている。たとえば先に見た番外「平方式顆盤術」は、門弟の川井久徳の研究（『開式新法』一八〇五年刊）

の結果で、これはいわゆるニュートンの逐次近似法による方程式の解法である。川井は幕府の武官（小姓組番士）であった。ちなみに第三二問に鶴亀算があるが、鶴、亀とするのは本書が本邦初とされており、もとは雉兎問題として中国から伝来したものであった。

数学史研究に際しての発見

私は近世日本の数学史の研究を始めた当初、歴史的順序に従って研究していくのが正しく、またもっとも理解しやすい方法だと思い、古いものから順に一次史料（原書）を読み始めた。しかし今では、近世日本の数学が最高潮に達した文化文政時代の典型的な教科書である『算法点竄指南録』あたりを理解してから、時代を遡っていくのが効率的でよい研究法だと思うようになった。数学の歴史は、見方によっては発想、解法の整理の歴史である。整理された数学書である『算法点竄指南録』を読んで全体像を把握してからそれ以前の書物を読めば、その書物を近世日本数学史に位置づけることができる。いきなり古い書物を読んだ場合、その書物を後の展開のなかに位置づけることができず、近世を飛び越えていきなり現代数学のなかに位置づけることになる。そのような読み方は時代錯誤に陥りやすい。現代数学の立場から見て嚆矢探しをするときにしばしばそのようなことが起こる。

たとえば建部賢弘は暦学の問題を質問され、現代でいう導関数の式を得て、その零点の重要性に気づいていたが、微分法を知っていたわけではない。その後の近世日本の数学の展開を見ても、微分法の概念は見あたらない。そもそも近世日本の数学には関数の概念もグラフの概念もない。そのことを認識せずに建部の導関数の式を見れば、時代錯誤に陥ることは明らかである。数学史の研究において重要なのは、建部が現代の導関数に相当する式を得たと強調することではなく、なぜ近世日本の数学においては関数や導関数の概念、グラフの概念が生まれなかったのかを探ることであろう。

一七世紀初頭の数学書から始めて明治に至るまで、およそ五〇から百編程度の主だった資料——次節には江戸時代の天元庵と称する者が列挙した数学書六〇編を引いておいた——が存在する。大雑把な概要ならばすでに多くの研究者による記述もあるし、簡単に理解できるものの、一字一句にこだわって細部に至るまで完全に理解しようとすると、未だに不明な点が山積している。一七世紀後半に現れた関孝和によって近世日本の数学は最高といってもよいほどの高みに到達した。しかしその数学を精確に理解することは容易ではない。

永楽屋東四郎

最後に、『算法点竄指南録』の奥付を見ておこう。この本の発行者は尾州名古屋本町通七丁目、永楽屋東四郎である。永楽屋は名古屋の本屋で、本居宣長の著作の最大の出版元であった。初代東四郎（一七四一〜一七九五）は名古屋の風月堂孫助に奉公した後、三五歳の時に独立して、本町通四丁目に開業した。その後同七丁目に移転し、『算法点竄指南録』を刊行した。永楽屋は尾張藩校の明倫堂の御用達となって、その後一七〇年以上にわたり出版を続け、昭和二六年に廃業した。永楽屋による数学書はあまり多くないが、奥付の前の目録を見ると、「算法之部」として、

『早引相場帳』
『開式新法』
『玉積通考』
『算法点竄指南録』
『周髀算経図解』
『周髀算経国字解』
『算法工夫之錦』
『算法発陰録』
『開運ぢんから記』
『万宝大通考《ばんぽうだいつうこう》』
『八木流の巻』

が挙げられている。このうち二番目の『開式新法』が坂部の門人、川井久徳の著作である。『算法点竄指南録』の序は一八一〇年であるが、他に一八一五年の序も付されているから、刊行

は一八一五年だとされている。最初の序から五年の歳月を経たことになる。

第三節　天元庵『数理筆談』

天元庵著の『数理筆談』という写本（稿本かもしれない）がある。著者の天元庵が誰を指すのかは不明であるが、引用されている文献から、執筆されたのは文政（一八一八～一八三〇）以降であることは確かである。この本には、

（一）自伝
（二）数学の歴史
（三）学ぶべき数学書
（四）数学の学び方
（五）例題

が述べられている。自伝を読むと天元庵が独立不羈《ふき》の人であったこと、また数学の歴史や学ぶべき数学書の項を読むと、博覧強記の人であったこともわかる。特に、学ぶべき数学書として列挙されている六〇冊程度の書物は、まるで数学書ガイドブックの様相を呈している。また数学の学

び方として天元庵が指摘することは現代にも通用する点が多く、興味深い。以下では自伝、学ぶべき教科書、数学の学び方について見てみよう。

天元庵

天元庵は自らの研究経歴を次のように述べている。

私は未熟ながらも深く考えて、自分自身で理解できることも少なくはなかった。一六歳のとき初めて数学を志した。世には天元術というものがあって、太極の一を立てて計算すると聞いた。私はいつもこれを理解したいと思っていた。そして一七歳になったときに『一元術』をまとめた。これもまた天元の一を立てる術である。その後、『改正天元指南』を手に入れて読んでみると、私の一元術に一致するところも多かった。しかし天元の術は私の一元術にくらべて、その意味するところがさらに奥深いように感じた。そこでさっそく天元の術の要点に精通した。その後、関流に演段術があることを知り、方程式を得る原理を研究して『演段術』をまとめた。文化三年［一八〇六］七月のことである。

文化一一年［一八一四］には『精要算法』『当世塵劫記』によって自約、互約などの術を理解し、また剰一、朒一の術も理解した。後に藤田貞資や会田安明の著作を読み、剰一、朒一術を用いるものはつまり翦管術であることを知った。

文政元年［一八一八］一〇月には『翻覆術』をまとめた。会田安明氏の変換術、変式術というものはこの術のことであろうか。その他、脱商、交商、作式、正式、貫通術、約式、括術、整数、逐索、計子、趕趁、逢原、僻題等の術をまとめて輔佐術と名付けた。点竄という術は行うべき計算を一見して理解させるものである。

管子に「思之思之、復重思之、思之而不通、鬼神将通之」とあるのを見れば、すべてを自分の知恵で理解できるものではない。考えてやまないために鬼神が憐れみ、正しい道に精通させてくれるのであろう。数学の源は関流にある。私が師から教授を受けず、書に頼らずに真理を得たのはどうしてか。私が存在し、真理を得たのはどうしてか。私もまた関流、会田流のなかから生まれたのであろうか。

これを読むと、天元庵は幼少の頃より自学自習の人であったようだ。一六歳の頃より数学を志して、一七歳の頃には天元術を模した『一元術』なるものをまとめた。その後『改正天元指南』を読んで開眼し、関流の藤田貞資の『精要算法』、最上流の会田安明の『当世塵劫記』など関流、最上流の書を読み数学に精通した。

文中に文化三年、文化一一年、文政元年とあるから、天元庵は第一節で採り上げた至誠賛化流と同時代の人である。天元庵は関流だけでなく会田安明の最上流の書物を読んでおり、また本書が現在山形大学に所蔵されていることから、あるいは秋田、山形近辺の出身者かもしれない。

引用文中に列挙された術の具体的な内容はともかく、ここでは最後の段落に少し注意しておこう。天元庵は「すべてを自分の知恵で理解できるものではない」という。ではどうして数学を理解できたかというと、まずそれは自分が倦まず飽きず思索を続けたために鬼神の采配があったのであろうという。天元庵は若い頃より独立独歩の人で、師にもつかず、書物に頼り切りになることもなかった。しかしその一方で、自らの数学の源泉は関流や最上流の数学にあると理解して、自分は関流や最上流の末裔であったかもしれないという。それだからこそ、次に述べるように自分の見た数学書を列挙する気になったのであろう。天元庵は長い思索の後にこの境地に達したのである。

学ぶべき教科書

本書は最初に数学の歴史を述べたあと、学ぶべき数学書を一覧している。天元庵の述べる数学の歴史は、現在から見れば巷間に取りざたされる噂などに基づくなど、首肯できるものではない。しかし時代を考えると仕方がない面もあり、ここではその詮索はやめ、天元庵が言及する数学書を以下に列挙しておこう。それは入門篇から始まり、中国の書物まで含む周到なものであり、一九世紀初頭の数学の階梯を示すものとして興味深い。

入門段階の教科書として、

『早算手引集』『算法闕疑抄』『勾股致近集』『掌中勾股要領』『勘者御伽草子』
『算法童子問』『算法童介抄』

天元術の教科書として、
『改正天元指南』『古今算法記』『天元録』『天元樵談』『具応算法』等

演段の教科書として、
『演段指南』『演段拾遺』『発微算法演段諺解』等

会田安明の点竄術を学ぶ教科書として、
『天生指南』『点竄指南』

その他の術を学ぶ教科書として、

『括要算法』『算法学海』『拾機算法』『精要算法』『当世塵劫記』『改精算法』
『改精算法改正論』『非改精算法解』『非改精算法解弁誤』『算法廓如』『撥乱算法』
『算法非撥乱』『古今通覧』等

その他、一部を読むべき教科書として、

『拾璣算法』『神壁算法《しんぺきさんぽう》』『神壁算法続』『精要算法』『当世塵劫記』『天生指南本源集』
『古今通覧』『指摘集』『点竄指南録』『変形指南』『約術指南』『開式新法』
『五明算法』『算法至要』『発隠録』等

特に初学者のための教科書として、

『和漢算法』『竿頭算法』『深玄算法』『闡微算法』『明玄算法』『開商点兵算法』
『算俎』『開成算法』『角総算法』『和漢算法図会』等

中国の算書として、

『五種算経』『張兵建算経』『緝古算経』『算学啓蒙』

まず、非常に多くの教科書が列挙されていることに驚く。これらの書物が天元庵の蔵書だったかどうかは定かではないが、閲覧したものではあろう。いずれにせよ、これらの書物の一覧は天元庵の博覧強記な一面を示すと同時に、在住していた地域が豊かな数学文化を花開かせていたことを感じさせるものである。

数学を学ぶときの四難、三易

さて、天元庵は数学を学ぶ際には四難、三易があるといい、まず次のように四難を述べている。

一、深く考え詳しく研究して、飽きることなく怠ることのない者でなければ、数学はできるようにならない。

二、目が疲れやすい者は図形を長く見ることができず、考えるのに疲れてしまうからできるようにならない。

三、簡単なところに拘泥して疑問を残し、わからないことがあるとそのつど師に問う者は、できるようにならない。

四、以上の三つが大丈夫であっても、多忙で時間の取れない者はできるようにはならない。

この四難に先立って、天元庵は「無慧多忘二つの者与《あずか》らず」と述べている。「無慧多忘」とは頭の回転が速くなく、すぐに忘れてしまうという意味である。そういう者は大成しないのだ、といきなり容赦ない物言いである。それはともかく、ここに述べられた数学の勉強、研究における四難は現代でも同じであろう。数学を教えたこと、研究したことのある者なら、だれもが思いあたるのではなかろうか。

第一にいう通り、数学は飽きてやめてしまったらそこまでのことである。第二の「目が疲れやすい者」とはあるいは自分自身のことであったかもしれない。現代でも文庫本のルビにある濁点が読みづらくなると次第に本を読むのがおっくうになってくるのは老人の常である。第三の「簡単なところに拘泥して疑問を残し」というのは少しわかりにくいかもしれない。これはたとえば、数値の「一」は誰もがよく知っている簡単なものであるが、「一とは何か」と改めて問われれば説明は難しい。そこに拘泥するというようなことである。もっとも「一」が簡単とはどういうことかと問われれば、これもまた難しいのであるが。一方、「わからないことがあるとそのつど師に問う者は、できるようにならない」とは、まことにその通りである。第四の「多忙で時間の取れない者」とは現代人の多くが感じていることであろう。数学を理解するには考えるための十分な時間が必要なのである。

天元庵はこれに続いて三易を述べる。

ある人が、数学を学ぶのが難しいのですが、逆にこうすればよいということはないのでしょうかと質問をした。これには三易がある。

一、細かく巧みに考えて、勉強を怠らなければ大成する。

二、先人の数学を軽く見て、他人を頼らず、自分自身で会得しようという志がある者は大成する。

三、沈黙の内に静かに深く考え、詳しく研究し、煩わしい世間から離れる者は大成する。

なお、敏捷な才能があっても志の薄い者は大成しない。逆に才能が劣っていても厚い志がある者は大成することがある。一方、志がなく、人に進められて学ぶ者は大成しない。このような者を教えることはできない。

第一は先の四難第一項の言い換えである。第二の「先人の数学を軽く見て」というのは原文では「先哲の遺術を軽蔑せよ」である。教科書で先人の数学を学ぶものの、それを軽蔑し自らそれを超えよというのである。なかなか手厳しい指摘である。天元庵は若い頃からそのような心意気で数学を学んできたのであろう。第三は俗世間から離れて孤独に耐え沈思黙考できる者が大成するという。これはまさに「言うは易く行うは難し」の要求である。これに続けて、才能があっても志がなければ成功せず、逆に才能が劣っていても志が厚ければうまくゆくこともあるという。また志もなく、人に強制されて学ぶ者は成功するはずがなく、このような者には教えることができないという。原文の冒頭に「或人云」とあることから、天元庵の周りには数学を学ぶ門人のような者がいたことがわかる。

近世日本の数学は今や跡形もなくなって歴史の彼方に消え去ってしまった。しかし数学を学ぶ者の心得としては二〇〇年前と何ら変わっていない。これは数学の普遍性によるのであろう。ここに天元庵が叱咤激励する事柄は、数学のみならず学問一般、あるいは芸術などにも通じる警句である。

＊1　金谷治訳注『大学・中庸』第一二章「唯天下至誠、為能尽其性、能尽其性、則能尽人之性、能尽人之性、則能尽物之性、能尽物之性、則可以賛天地之化育、可以賛天地之化育、則可以与天地参矣」（二〇六ページ）による。

＊2　以下年記不明。

＊3　小川束「至誠賛化流と『起元解』について」『数理解析研究所講究録』第一六七七巻（二〇一〇年）一〜九ページ。

＊4　小川前掲論文。

＊5　小川束「『割印帳』に現れる算書一覧」『四日市大学論集』第七巻第一号（一九九四年）一六五〜一七六ページ。

＊6　磐城平藩は現在の福島県浜通り南部。

第七章　発展する数学——数学の爛熟

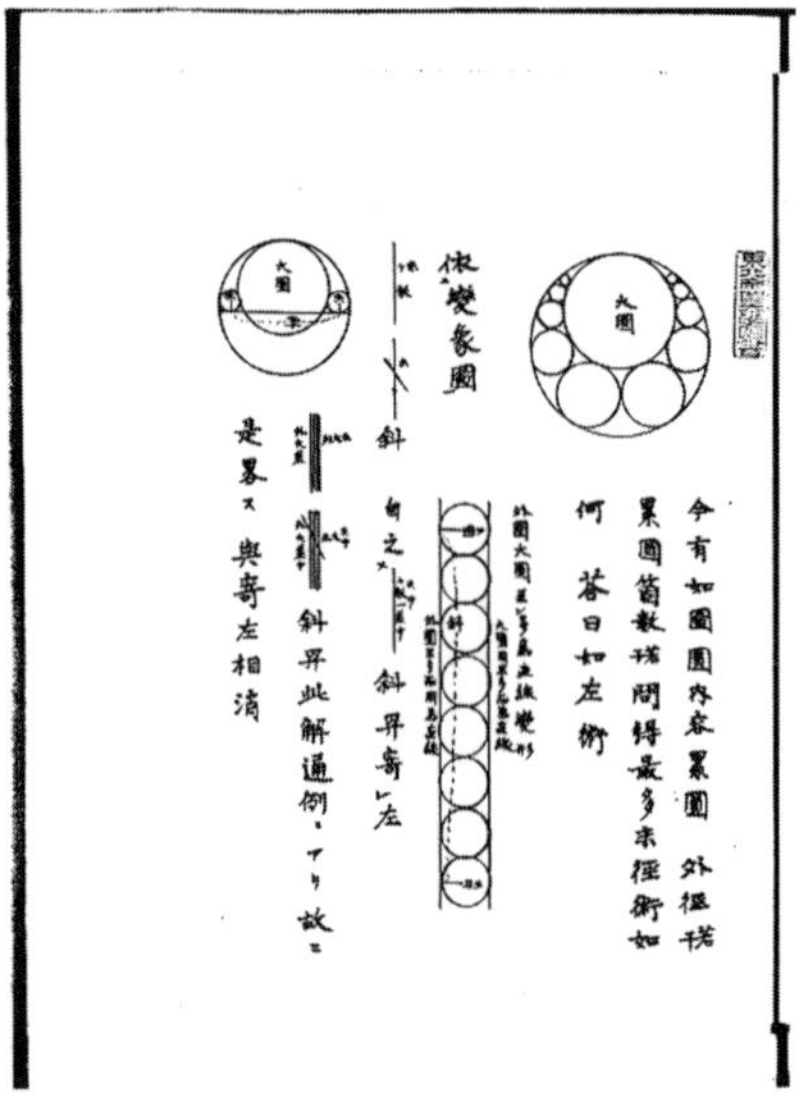

法道寺善『観新考算変』(1860年、東北大学附属図書館・岡本写0985) 法道寺は外円と大円の間隙に入れた累円の直径を求めるのに、外円と大円の半径が無限に大きくなったとすれば、累円は平行線の間に挟まれるだろうと考えた。

第五章「数学の広がり」の冒頭で、建部賢弘の『綴術算経』(一七二二年)以降およそ百年間に現れた数学者の幾人かを列挙した。それ以降、さらに幕末までの主要な数学者というと、次の者が挙げられる。法道寺善の没年は明治元年、内田五観《いつみ》の没年は明治一五年、長谷川弘の没年は明治二〇年である。

日下《くさか》 誠《まこと》 (一七六四〜一八三九)
長谷川寛《ひろし》 (一七八二〜一八三八)
和田寧《やすし》 (一七八七〜一八四〇)
白石長忠 (一七九五〜一八六二)
内田五観 (一八〇五〜一八八二)
長谷川弘《ひろむ》 (一八一〇〜一八八七)
法道寺善《ほうどうじぜん》 (一八二〇〜一八六八)

一九世紀になると、和田寧などによって多くの定積分表（一般の曲線で囲まれた部分の面積を求めるための表）が作られ、安島直円に始まる定積分の計算が簡単になった。その結果、数学者はもとより、数学愛好家でも定積分の計算を用いることが可能になった。もちろん計算の射程に入る関数の形は限られたものであったが、それでもサイクロイド（円を転がしたときに円周上の一点が描く軌跡）などが計算の対象になり、日本の数学は最高の高みに到達した。

ここに挙げた人物、その数学について書けば、それだけで一個の物語ができよう。たとえば、内田五観は日下門下の秀才であるが、高野長英に蘭学を学び、その家塾を瑪得瑪弟加《マテマテカ》と称し、多くの門下生が輩出した。内田は数学の他、天文、地理、測量などにも通じており、一八三二年に富士山の測量をして標高三四七五・七メートルを得た。さらに明治に入ってからは天文暦道御用掛となり太陽暦への改暦に関わった。日本学士院の前身東京学士院の創立時の会員にもなった。また、蛮社の獄で入牢していた高野長英が脱獄をして諸方を転々とした後、江戸に戻り、一時身を隠したのは内田の甥の宮野信四郎のもとであった。このように簡単に列挙しただけでも、幕末から明治にかけての大変革を背景に、内田の生涯には興味がそそられるところである。

数学の歴史を見るには大きく分けて二つの側面がある。第一は数学上の着想の歴史であり、第二はもっと広く数学文化の歴史である。たとえば、村松茂清、関孝和、建部賢弘の円周率の計算の歴史は、素朴な内接多角形の周長を計算した村松から、加速計算を実行した関孝和を経て、加速計算を繰り返し用いた建部賢弘に至るという数学上の着想の歴史である。それに対して、『塵劫記』の意義を考えるとか、流派に関する考察、といったようなものは純粋に数学的な観点からだけではなく、もっと広く日本の数学文化が持つ特性を考察するものである。本章では数学の着想という観点から幕末日本の数学を考えてみたい。

第一節　数学の着想を考える

長谷川寛の極形術

長谷川寛は西磻《せいばん》と号し、日下誠に学んだ。その著書は懇切丁寧、理解しやすくすぐれたもので、『算法新書』（一八三〇年）全五巻は江戸後期を代表する教科書であった。大半の著作は門人の名で刊行されたが、それらは長谷川寛の著作とされている。『算法新書』は「総理長谷川善左衛門寛、編者千葉雄七胤秀《ゆうしちたねひで》」となっている。また『算法極形指南』（一八三五年序）は「西磻長谷川先生創術、鳳堂秋田先生編輯」となっている。

長谷川寛は極形術と呼ばれる着想を提出した（『算法極形指南』、『算法新書』付録）。極形術は図形を特殊な場合に変形をして計算をする方法である。ただしそれは常に正しいとは限らず、その方法を一般化した形で述べることは難しい[*1]。ごく簡単に原理を要約すると、次のようになる。たとえば、図形内の二つの量a、bが与えられたとして、これからもう一つの量xを求める場合、a、bに関して対称な方程式$f(x, a+b, ab)=0$が成り立つと仮定する。ここで、$a=b$の場合の図を「極形」といい、このときのxを「極数」という。逆に、極形におけるxが$g(x, a, a^2) = 0$で定まる場合、$g(x, (a+b)/2, ab) = 0$の解が極形でない問題の解と考える（この操作を「還元する」という）。

たとえば、上のような等脚台形の上底、下底をa、bとし、対角線の交点を通り底辺に並行な線分（中闊）をxとするとき、$a = b$となる極形は長方形であるから、極数は$x = a$である。そこで、$ax - a^2 = 0$を還元すると$(a+b)x/2 - ab = 0$となるから、$x = 2ab/(a+b)$が求める解である。

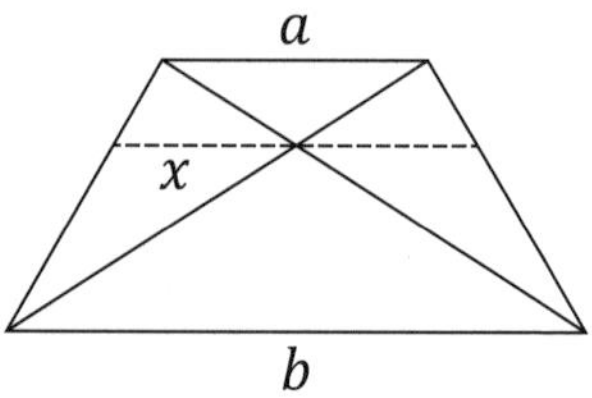

このような方法が極形術の典型である。極数の満たす式は他にも$x - a = 0$や$x^2 - a^2 = 0$など一意的に決まらないから、必ずしも正しい解が得られるとは限らない。このように極形術は不完全であるが、与えられた問題を解が容易に求まる特殊な場合からの還元によって解決しようという思想は独創的であった。実際、当時知られていた種々の問題の答えが極形から還元することによって得られたのである。その発想に関して、編者の秋田義一はその凡例に次のように書いている。

一　極形術は西磻先生発明の方法である。私はその起源を先生に問うたところ、先生は「数は象より生じ、象は一点より始まる。この始まる点は森羅万象の究極で、すべての数の根本である。この新しい方法はここに起源を持つ」といわれた。私はこれを学んで、私見を加え二百題余りを挙げて、学ぶ者にこれを示す。これは万物究理における最大の要点である。

これを敢えて解釈すれば、易経の根本思想である「数は象より生じ、象は一点より始まる」ということの類推として「台形は長方形より生じ、長方形は正方形より生じる」と考え、単純な場合から一般の場合を理解しようとしたということであろう。象は易の卦の形、数とは易の六爻がもつ数理のことである。[*2] いかにも牽強付会の感がする理屈であるが、この易経思想の引用は古く、たとえば沢口一之の『古今算法記』(一六七一年)の序には、

一物、一太極の理を推して、以って数学の奥義を究める。

とある。『算法極形指南』の序文は一八三五年に書かれているから、一五〇年以上にわたって、数学の根本思想として易経の思想は序文に表明され続けたわけである。「太極」とは万物を構成する陰陽二気が分かれる以前のすべての存在の規定する根源で(『易経』繫辞伝)、それは唯一のものであることから「太一」ともいわれる。後に朱熹は太極を天地万物の根拠であるとした。易や宋学のこの思想は数学者の営みに根本的存在意義を与えていたといえるであろう。

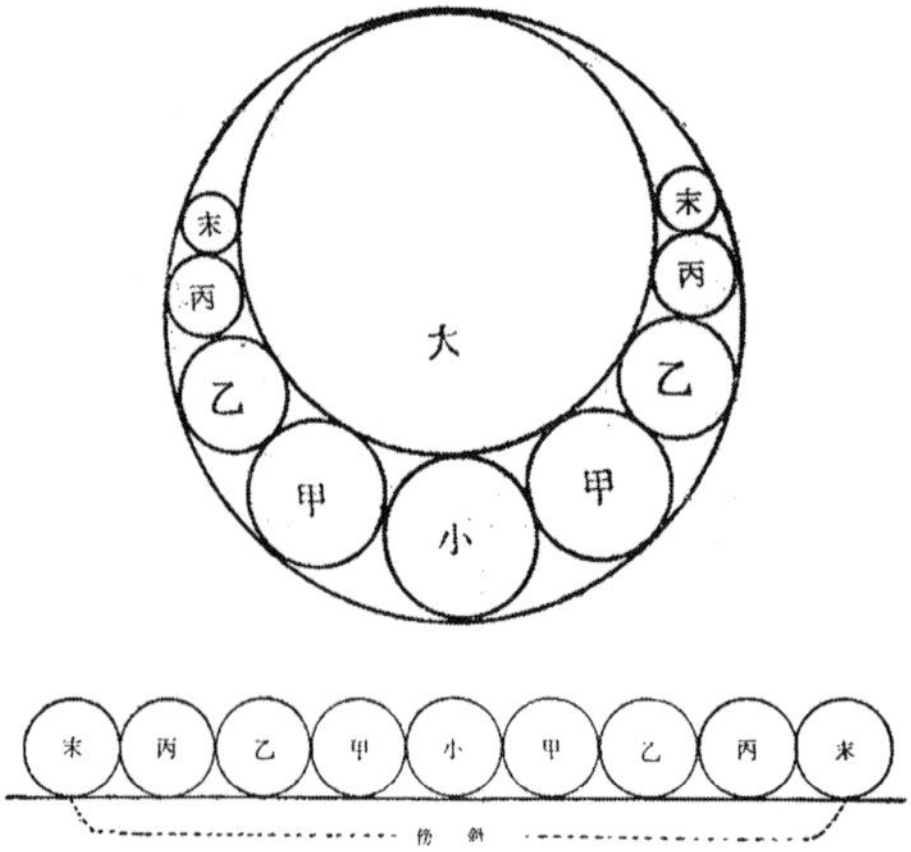

法道寺善の算変法

長谷川寛の図形を変形して問題を解くという着想は、法道寺善によってさらに別の方向から実現された。法道寺はたとえば、上図のような問題を扱うのに、外円と内円の直径を無限に大きくするという着想を思いついた。このとき二つの円は平行な直線になり、累円はこれら二直線に接する同じ大きさの円になると考えたのである。

詳細には触れないが、法道寺が考案した方法は今日の反転法（インバージョン）に匹敵する方法である。法道寺は反転ということは考えず、半径を無限に大きくすることによって、おそらく直感的に変象図——すなわち反転の結果得られる図形——を得たのであろう。

このような反転法に匹敵する方法を法道寺は「算変法」と呼んだ。[*3] 法道寺善の『観新考算変《かんしんこうさんぺん》』（一八六〇年）の端書きには次のように書かれている。

一、関先生は「問題があり、極値がある場合は適尽諸級法によってその極数を求める」とい

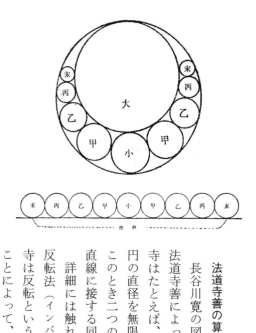

った。さて、還元するものは平均の図形から不等の図形に還元する。その方程式を得るのは同じである。次に最近、西磻長谷川氏はこれに極形術という名称を与えた。これらは皆、学者の技によって簡便で巧みな方法を得たものである。

一、今本書の最初に述べる変形術は私が長年苦労を重ねて考えたところを述べたものである。これは皆がその技によって巧みに方法を変化させる。よって数学者によって変形、極形の簡便な術は一つではない。さらにその変形を推察して術の巧みな方法を発表する後学の徒は技が巧みというべきである。

これを読むと、法道寺が関孝和の適尽諸級法や長谷川寛の極形術を精査して、長年の苦労の末、算変法を発案したことがわかる。

ところが、法道寺より以前に、『円線一致術』と称する本によって法道寺と同様の変形をしている数学者がいた。牛島盛庸《もりつね》という熊本藩の算学師範である。牛島は一八四〇年に亡くなっているから、法道寺の『観新考算変』よりは二〇年以上前のことである。ただし牛島の取り扱った図は左右対称なものばかりで、法道寺ほど一般的ではなかった。法道寺は熊本にも行っているから、牛島の業績を知っていたかもしれない。しかし法道寺の「積年の労を尽くした」という言葉もまったくの虚言ということはなかろう。

ところで、法道寺の変形法は直感的であった。その変形は、今日では反転法として厳密に正当化されるものである。もちろん法道寺は反転法など知らなかったが、それでもある種の直感によって正しい結果を得たといえる。

『関流方円理』

半径を無限に大きくするという法道寺の着想に関して、著者も書かれた年代も不明の『関流方円理』という本の冒頭を紹介しておこう。

一　方円極数多少

多極とは多いことが限りなく遂に極限に至っていることをいう。円はいかに大きくとも丸さを失うことはない。しかし多極に至ってはその円周は遂に一直線をなす。そこで多極の状態では形はあるがこれを測ることができない。それゆえ虚と名付ける。

地は大きな球で海、陸ともにどちらも球面である。ゆえに地上を行くときはずっと円周であるが、平で直線上を行くようである。このように里数が有限の地球ですら円は直線に等しいのである。

一　少極とは少ないことが限りなく遂に極限に至っていることをいう。すなわち少極に至っては見ても形がなく、象徴となるものもない。ゆえに少極は空とする。

$\frac{1}{\text{多極}}$は$\frac{\text{少極}}{1}$である。これを空とする。$\frac{1}{\text{少極}}$は$\frac{\text{多極}}{1}$である。これを虚とする。

円というものはどんな大きくとも丸みを持っているが、大きさが限りなく大きくなった多極では円周は直線をなすというのである。「形はあるがこれを測ることができない」というのはこのことである。たとえば地球は有限の大きさであるが、われわれの日常経験する感覚では地球上を行くときは直線である。有限の地球においてさえ経験では円周は直線であるから、抽象的に円の大きさが多極の状態ではなおさら円周が直線であることは納得できるであろうというのである。多極とは無限大のことで虚という。後半は逆に少極、すなわち無限小（空）を説明して、最後に多極と少極の関係を述べている。

　この書は年代も著者もわからないから、もちろん法道寺との関係はわからない。しかし、その内容からすると西洋の知識の影響を受けていると思われる。そして時期はわからないものの、法道寺の発想と類似していることは明らかであろう。法道寺と西洋の数理知識の関係も、一応は視野に入れる必要があるのかもしれない。

法道寺善の遊歴生活

続いて、法道寺自身についても少し詳しく述べておきたい。彼は諸国を遊歴したことでも有名である。

法道寺善、通称和十郎（字は通達、観山と号した）は一八二〇年広島生まれ、江戸に出て内田五観門下となり、瑪得瑪弟加で学んだ。同門であった川北朝鄰は法道寺について次のように述べている。[*4]

就法道寺善は我同門にして、一奇人なり。我国内の数学家と称するもの、法道寺の名を知らざれば、数学者として立つ能はざるの感ありしなり。氏は文政三年［一八二〇］安芸国沼田郡広島鍛治屋町に生まれ、父は法道寺市左衛門と云ふ鍛冶職なり。氏は其二男にして、幼にして数学を好み、広島藩士梅園某に学び、弘化年間江戸に来り、内田氏の塾僕となりて研究す。

法道寺は代々続く鍛冶屋の二男であった。幼少の頃から数学を好み、はじめ梅園某に学んだという。梅園某は梅園立介といい、内田五観の門人であった。つまり梅園は教え子の法道寺を――おそらくはその才能を見きわめて――自らの師匠である内田五観に推薦、紹介したのであろう。法道寺は諸国を歴訪しながら研究、教育をしたことで知られる。その諸国歴訪は内田門下となる五年前から始まり、内田門下で学んでから後は生涯、諸国を歴訪して数学を教授した。法道寺はその諸国歴訪の目的を、初心の者であれ達学の者であれ、数学に志を持つ者に「深く至誠の一心を以て」伝授するためと記している。[*5] 法道寺はその後も亡くなるまでさらに一〇年間諸国遍歴を続けた。まさに志を立てて以来、生涯を数学の研究、指導、普及に捧げたといっても過言ではない。その諸国歴訪の様子を川北は先の引用に続いて生き生きと述べているから、少し長いがここに引いておこう。

> 後ち辞して諸国を遍歴す。先ず九州に渡り、豊前より肥後に至る。後ち長崎に寄寓す。門人加悦伝（博）一郎をして、『算法円理《さんぽうえんり》括嚢《かつのう》』を（嘉永五年［一八五二］）出版せしむ。その後去て北陸、東山二道に遊歴し、各藩の城下に止り、居る事何れも二三ヶ月、長きも一年を過ぎずして去る。然れ共門人に対し、数学を進歩せしむる事に妙を得たり。氏は恒に一冊の書をも所持せず、其得意とする所は円理なり。何れの地に至るも、数学を教授する者を訪問して、一言の下に伏さしめ、夫より其人の足らざる所を教授し、円理表の如きは、順序に口述して作らしめしと云ふ。居る事数月なるも教へて倦む事なし。故に何地に於ても、教へを乞ふ者多し。而して偶々長く足を止めんと欲し、藩侯に推挙せんと欲すれば、其地を退く事常なり。氏は酒を好み、平常酒気を離るゝ事無きを善とし、且て金銭に眼をかけず、酒あれば長く足を止む。文久三年［一八六三］江戸に来り、余の草屋を訪ひ、内田氏に同行を求む。之れ永く他郷に在て師に面会致し難きに由れり。之より暫らく江戸に止り、屢々余の宅に宿泊す。慶応三年［一八六七］の末、江戸を発し、越後地方に赴くとて別れたり。然るに翌四

年二月古郷広島に帰り、明治維新に際し、本藩学校に数学教授の推挙ありしも、不幸にして同年九月十六日に病死す。歳四十九。（広島市西寺町円龍寺に葬る）。

これによれば、法道寺が豊前、肥後、長崎、北陸道、東山道を遊歴したことがわかる。一冊も数学書を刊行しなかったが、長崎では加悦伝一郎（俊興）に『算法円理括嚢』を出版させていて、おそらく法道寺の筆によるものであろうとされている。『算法円理括嚢』は後に中国において翻刻された。[*6] 法道寺は各地に逗留中、教授した門人の名で算書を作り、自筆稿本をその家に残したり、神社へ奉納する算額を作ったりしている。たとえば、『樹林寺奉納額算題』には、金沢観音山算額の後に次のように法道寺（観山）の名が記されている。

石黒藤右衛門は四代目なり。祖藤右衛門信由は算学鉤致著して加州公へ仕ふ。而後加賀能登越中三ヶ国加州測量方代々勤む。当藤右衛門安政元甲寅年十九歳に至り北本半兵衛二十二歳にしてその年五月八日より観山の門に入り、其後算学増々出精にて代々の算家と雖も世にまれなる人なり。

石黒信由は射水出身の測量家であり数学者である。この記録によれば信由は一九歳のとき観山、すなわち善に入門したことがわかる。

さて法道寺は、本などは一冊も持参せず、円理を得意とし、円理表（定積分表）の作り方等を指導した。そうして数学を教授しながら、各所に二、三ヶ月から一年ほど逗留した。門人の弱いところを補うように教え、教えて倦むことを知らなかったから、皆が末永く逗留してほしいと願うのも当然であった。算額などを仕立てるのを手伝ってもらえるのだから、なおさらであろう。そのために周囲は仕官する方策を立てたりするのだが、善はそのようなことを望まず、去っていくのである。また法道寺は金銭よりも酒が好きで、酒があれば長く留まったという。一八六三年から一八六七年まで江戸で川北のもとに留まった折、二人は酒を酌み交わしながら、遍歴中の話もしたのであろう。その後、法道寺は越後に向かい、翌一八六八年広島に戻った。明治維新に際しては広島での学校教授へ推挙されたが、その年、病没した。

また、先に触れた『観新考算変』は法道寺が諸所で伝えたもので、その由緒に従って、

荻原本（上州の荻原禎助が善から伝えられた稿本を写したもの）
田原本（文久二年〔一八六二、善四二歳〕、信州の田原善三郎に伝えた稿本）
土屋本（安政七年〔一八六〇、善四〇歳〕、信州須坂藩士の土屋修蔵に与えた稿本）

と呼ばれている。この他にも土屋収蔵が編集した『観術』や写本類が残っている。[*7]

第二節　数学の方法と数学の理解

数学の方法としての証明

数学は壮大な論理体系をもつ学問である。そしてその論理体系を支えているのは厳密な証明である。しかし、数学がそのように厳密な証明を伴って記述されるようになったのは西洋でいえばフランス革命以降のことである。それまでは互いの理解度に応じ議論がなされていた。ところが、フランスでは革命以降、大量のテクノクラートを養成する必要にせまられ、効率的な数学の教授法が求められた。その要請に応えるには、教室で数学を体系的に、厳密な証明を用いて展開するのが一番簡単な方法である。こうして厳密な証明をもつ数学が標準となった。*8

これに対して近世日本では、明治維新を迎えるまでついにそのような厳密な記述はなかった。もちろん、証明なしに数学を記述することはできない。証明の厳密さにはさまざまな水準があることに注意せねばならない。

たとえば、建部賢弘の円周率計算には厳密な意味での証明はない。建部は数値を並べて、そこに一定の規則性を見出し、結果を帰納的に推測した。建部の帰納的推測とは簡単にいってしまえば、

1, 4, 9, 16, 25, 36, 49, 64, ……

と数値が並んでいれば、64の次にくるのは81であろうと推測するということである。もちろんこの場合、64の次にくるのが81であることを証明することはできない。単に蓋然性が高いということである。しかし建部にとってはこれで十分であった。そして実際に建部は正しい結論――それも当時の世界におけるトップクラスの結論――を得た。建部にとってはこのような帰納法的推論は証明といってもよかった。そして実は建部だけでなく、近世日本の数学においては一般にこのような帰納的な推論が証明として機能した。

多くの日本人が楽しんだ平面幾何や立体幾何には解くべき問題が無尽蔵にあり、これらの大量の問題はいくつかのブラックボックスとしての公式と膨大な計算によって解かれた。公式の適用と計算とは厳密になされなければならない。そうしないと問題の解答が得られないからである。このような場面では近世日本の数学者、あるいは数学を楽しんだ人々はきわめて正確であった。

ところで、帰納的推論に基づいてなされる言明には当然誤りも生じる。実際、第二章で触れたように、関孝和は連立高次方程式から未知数を消去する方法として、今日の行列式における斜乗を拡張したが、それは四次以下の場合には正しかったものの、五次の場合は誤っていた。関は次数が小さい場合から一般の場合を帰納的に推論したのであるが、誤っていたのである。しかし、この誤りも間もなく正された。こうした状況は、たとえばコンピュータのプログラムに含まれていた誤りが発見され、修正されるのと類似している。最初に書かれたプログラムが正しいかどうかは、理論的には証明されない。ただ、考えられる広範な入力に対して正しい——つまり期待された——出力が得られるかどうかを検収して、その正しさを保証するだけである。検収を合格して正しいと思われたプログラムであっても、出荷後、思いがけない状況でエラーが起きることもある。そのときにはエンジニアは慌ててエラーを修正するのである。江戸時代の数学もこの状況に似ていた。この意味では江戸時代の数学は工学的であったともいえよう。

体系と学習過程

今日一般に、数学は厳密な論理的体系を持つ学問の代表とされている。実際それは正しい。中学や高校では数学は積み重ねの学問であると考えられている。数学が苦手な中学生、高校生や大学生が「数学は一度わからなくなるとその後は必ずわからない」と考えているのはそのためである。しかし厳密にいえば、数学が論理体系的であることと、学習方法が積み重ね的であることとは別のことである。現代の数学は厳密な論理体系を持っているからといって、たとえば数学の基礎である 1, 2, 3, ……という自然数の構成から学べば苦もなく数学が身につくというものでもない。学校では論理体系的に基礎から順に教えるのではなく、おおよそ簡単に理解できることから始めて、順に難しいことを教えている。最初のうちは直感的な理解で済ませて、厳密な説明はしないのが普通である。一般に、体系というもののもっとも基礎の部分は難しい。

それでは、近世の人々は数学の体系や学習の過程をどのようにとらえていたのであろうか。実をいえば彼らは、我々が数学に感じている論理体系性をあまり感じてはいなかった。それは彼らの遺した教科書を見ればわかる。近世の数学の教科書は一般に問題と解法の羅列である。そして問題の取り上げ方はおおむね外見上の分類であり、論理体系的ではない。「分類」も一つの体系には違いないが、今日我々が感じているような体系とはまったく異なる。あえて比喩的にいうなら、論理的体系は垂直方向の積み重ねで、分類は水平方向の広がりである。今日の日本人が感じている数学の論理体系性は明治維新後に得た感覚で、近世の日本人とはまったく異なっていたと考えるべきであろう。

『算法助術』の配列体系

長谷川弘《ひろむ》閲、山本賀前《かぜん》編の『算法助術』（一八四一年）は、平面幾何を中心とする公式集である[*9]。仙台藩の天文学者だった武田司馬による序には、

いわゆる容術に関する等式を選集して一巻の書物とし、これを『算法助術』と名付ける

とある。「容術」というのはある図形の内部に別の図形を内接などさせたときの諸量に関する計算法といったような意味である。また「助術」は問題を解くときに助けになる計算ということで、

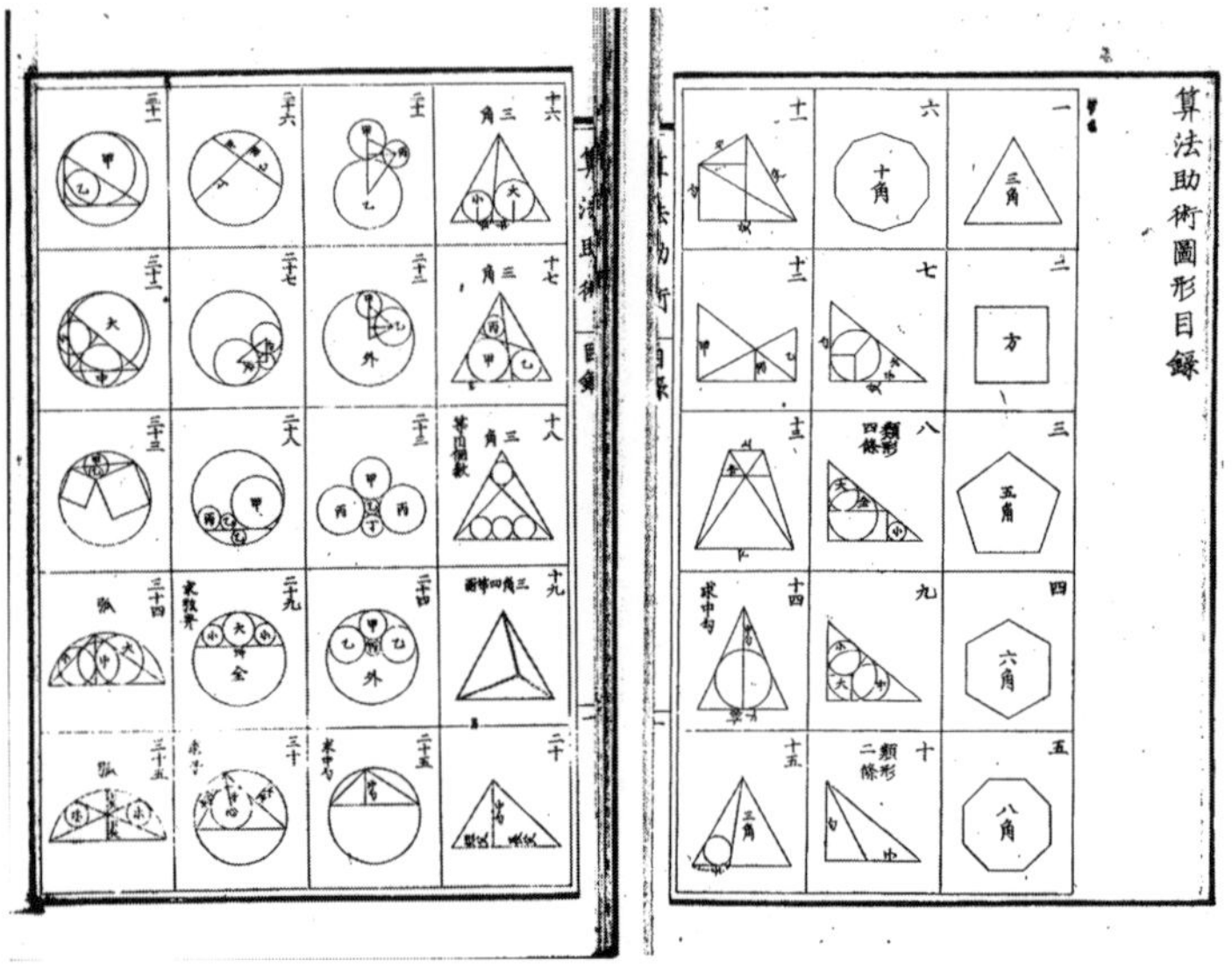

長谷川弘閲、山本賀前編『算法助術』（1841年、東北大学附属図書館・林文庫0329）

要するに公式のことである。

本書には一〇五個の公式が述べられている。上に載せた目録の冒頭（一～三五）を見て、近世の人々の体系観を少し観察してみよう。

まず大まかに見ると、

（ア）第一から第六までは正多角形

（イ）第七から第二〇までは外形が三角形または三角形を組み合わせた図形

（ウ）第二一から第三五までは内外接する円

に関する公式である。これは明らかに図形の外形による分類である。『算法助術』は問題を解くための公式集で、文字通り「絵合わせ」によって適用する公式を検索するようになっている。そのため、たとえ解法としては同一で結果の符号が異なるだけのようなものでも、別々に列挙して読者の便宜をはかっている。なお『算法助術』に証明は与えられていない。したがって公式の配列に論理的な関係はほとんど見られない。

（イ）をさらに詳しく見ると、

第七から第九までは直角三角形に円や長方形、正方形を入れたときの公式
第一〇は直角三角形を線分でわけたときの公式
第一一、第一二は直角三角形を組み合わせたときの公式
第一三は台形とその対角線とに関する公式
第一四は二等辺三角形と内接円とに関する公式
第一五から第一八は正三角形に円を容れたときの公式
第一九は正四面体に関する公式
第二〇は三角形と垂線とに関する公式（余弦定理）

となっている。また（ウ）は、

第二一から第二四は内外接する円に関する公式
第二五は円に三角形を内接させたときの公式
第二六は円と二弦とに関する公式（方冪の定理）
第二七は内外接する円に関する公式
第二八、第二九は円とその弦とに内外棱する円を容れたときの公式
第三〇から第三二は円に内接する三角形とそれらに内外接する円に関する公式
第三三は円に正方形を容れたとき、それらに内外接する円に関する公式
第三四、第三五は円を弦で切り取った弓形に円を容れたときの公式

というように分類される。それぞれの分類群においても、若干の構造を考えているように見える。

このあとも、第四九と第五〇、第五一と第五二、第七四と第七五、第八〇と第八一、第九九と第一〇〇は符号の差異にすぎないにもかかわらず、別の公式として列挙されている。また、第五六と第五七のように、片方（第五六）が他方の特別の場合というものもある。これらは計算上類題にすぎないが、図の見た目が異なることから別の公式としたのである。

たとえば、第四九と第五〇とは内接、外接の相違で、公式の符号が異なるだけであるが、外見上は非常に異なっている。そのため別の公式として列挙されている。しかしこれらが隣接してい

るということは、『算法助術』の著者はこれらの公式が同一解法で得られることを無視しているわけでもないことを示している。

このように、当時の人々の平面・立体幾何における体系観は、問題の絵合わせ的分類に若干の階層と解法による分類とを加味したものであることがわかる。

『算法助術』には、二つの三角形の相似条件や三平方の定理（ピタゴラスの定理、当時の用語では勾股弦《こうこげん》）などは書かれていない。これらは既知とされているのである。数学を学ぼうと思う者は塾などに入門し、三角形の相似条件や三平方の定理などをまず学んだ後、平面幾何の問題を作成し、それを解いた。ここで注意すべきは、単純な図形の問題が簡単に解けるとは限らないことである。しかし、解答の煩雑さはさして障害とはならなかった。

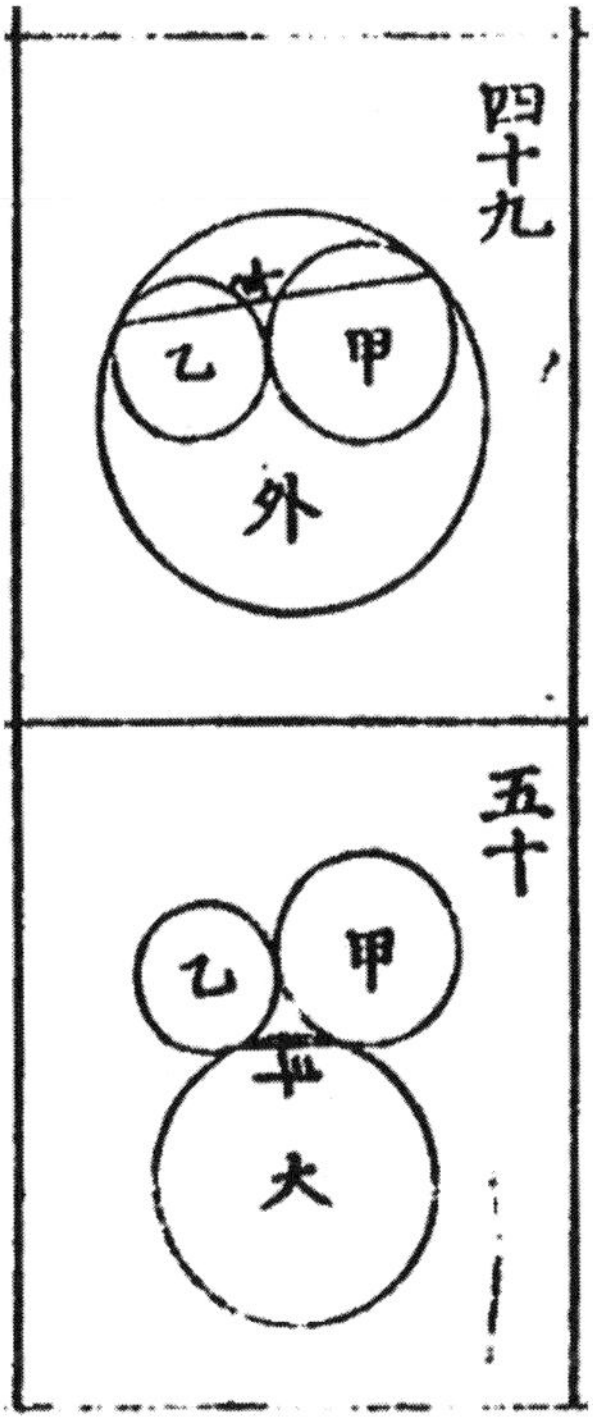

＊1　平山諦『学術を中心とした和算史上の人々』（ちくま学芸文庫、二〇〇八年）一七九～一八六ページ。ここには一部の問題が明治になっても解決されておらず、菊池大麓が林鶴一を呼び議論したことや、一九〇六年にインドの数学者 Jamshedji Edalji がその誤りを指摘したことなどが述べられている。また平山は「和算家は数千、数万の問題を後世に伝えたが、誤ったものはきわめてまれである」との論評を与えている（一八六ページ）。

＊2　「象数」の初出は中国『左伝』僖公一五年で「亀象也。筮数也。物生而后有象、象而午后有滋、滋而后有数」とある。

＊3　法道寺の算変法については例えば平山諦前掲書一九六～二〇四ページ、藤井貞雄『法道寺善の算変法』（私家版、一九八七年）。藤井貞雄氏からの私信によれば、平山諦は法道寺全集を計画し一〇〇〇ページを超える原稿を用意したが、刊行を断念し原稿を一括して藤井のもとに送付したという。残念ながら未だ全集は刊行されていない。

＊4　川北朝鄰「関夫子以降本朝数学の進歩竝に学戦」東京数学物理学会『本朝数学通俗講演集・関孝和先生二百年忌記念』（大日本図書、一九〇八年）一～三一ページ。

＊5　前掲書。

＊6　丁取忠編『白芙堂算学叢書』（一八七四年）。

＊7　「観」は法道寺の号、観山のことである。これら三書は藤井貞雄前掲書に翻刻（謄写版）されている。

＊8　佐々木力『科学革命の歴史構造』上（岩波書店、一九八五年）二四一～三〇六ページ、同『科学論入門』（岩波新書、一九九六年）七〇～八二ページ。

＊9　土倉保編著『新解説・和算公式集　算法助術』（朝倉書店、二〇一四年）に詳細な解説がある。

第八章　算額の世界——文化としての数学

川島神明神社（三重県四日市市川島町）川島神明神社には1790年、1844年、1863年に算額が掲額された。これらの算額が発見されたのは1983年のことである。かつて隣に小学校があり、子供の頃にこの神社で遊んだ町民のなかには「軒下に何か掛かっていた」のを記憶している者もいる。それらが算額であったかもしれない。現在、算額は四日市市の指定有形民俗文化財に指定され、別に保存されている。2017年３月の祈年祭の折、有志によって新しい算額が奉納された。この写真は当日神楽舞を奉納した子供らが算額を見上げているところ。

算額は数学の問題を解いて神社などに奉納した絵馬のようなものである。神への感謝、掲額者の喧伝など、いろいろな意味があったと思われる。江戸時代には二五〇〇枚以上の算額が掲額され、数学の愛好家は互いに見学して問題を解いたり、それをヒントに新たな算額を作ったりした。神社は数学の発表の場であった。旅をしながら算額を記録した者もあった。

　算額の奉納は近世日本の数学文化を象徴する習慣である。現存する最古の算額は一六八三年のものであるから、二〇〇年以上にわたって算額奉納が行われたことになる。このような習慣は世界に例がなく、日本独自の文化現象として注目されるべきものである。本章ではこの算額文化について考えてみよう。

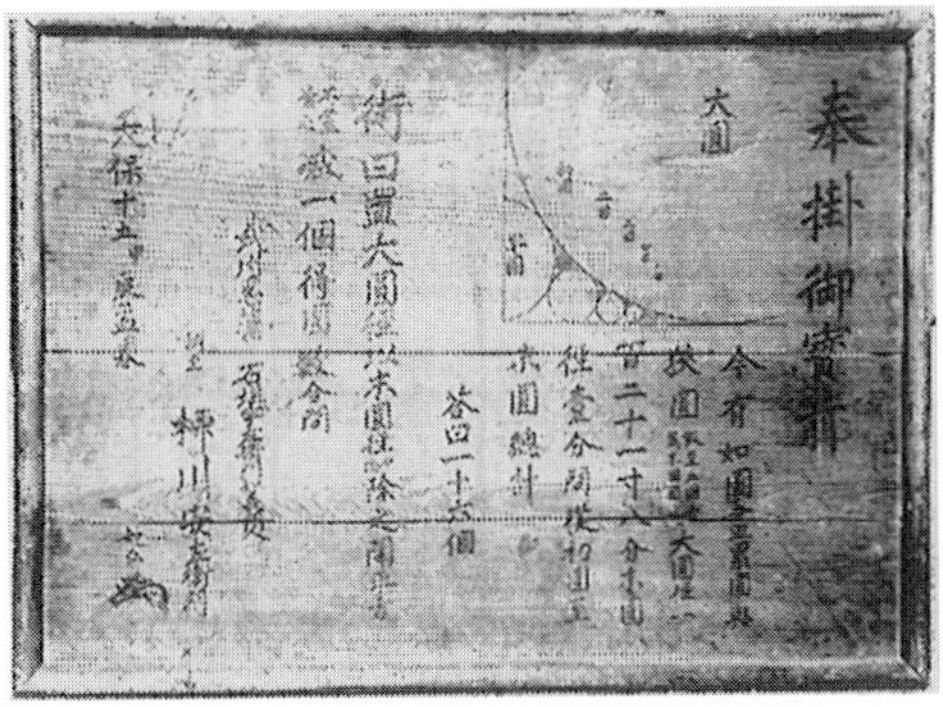

1844年（天保15)、三重県四日市市川島町にある川島神明神社に奉納された算額の表面。裏面は1864年の日付けを持つ。現在この額は同神社の合格祈願・学業成就の「算額」御守に採り上げられている。問題の説明は第二節。

第一節　算額文化を考える

算額奉納の習慣

いつ、どのようにして算額奉納の習慣が始まったのかは不明である。しかし一旦算額奉納の習慣が定着してからは、数学の塾に入門した門人にとって、個人で、または同門の門人とともに算額を奉納することは一つの目標であった。仮に神社の大祭の日などに奉納することとなれば、晴れがましい気分になったであろう。もちろん師匠の了解を得てから奉納までには、額の作成代、師匠への謝礼、神社での祈禱、祝詞などの謝礼としての初穂料など、種々の費用がかかる。経済的に余裕があれば一人または少人数で奉納できるが、そうでなければもっと大勢で金を出し合って奉納したであろう。一枚の算額に一〇人の問題が掲載されているような算額は、仲間意識というこど以上に金銭的な問題もあったのかもしれない。現在のところ具体的な資料に乏しく、算額奉納の詳細はよくわからないが、神社などにあるいは記録が残っているかもしれない。

一九九七年時点で八八四枚の算額が現存している。[*1] これに復元されたもの九一枚、文献に現れるもの一六四六枚を加えると、二六二一枚にのぼる。このほかに消失したもの、記録されなかった算額もあると思われるから、その総数はさらに増える。算額を記録した文献として最も有名なものは藤田貞資閲、藤田嘉言《かげん》編『神壁算法《しんぺきさんぽう》』（一七八九年）で、主に同門の算額を収集したものである。その後も記録は続けられて一七九六年には下巻が刊行された。上下巻合わせて六四枚の算額が記録されている。収集はさらに一八一八年まで続けられ、『続神壁算法』として刊行された。ここには四八枚の算額が収集されている。このような算額記録の努力によって、消失した額も知ることができる。

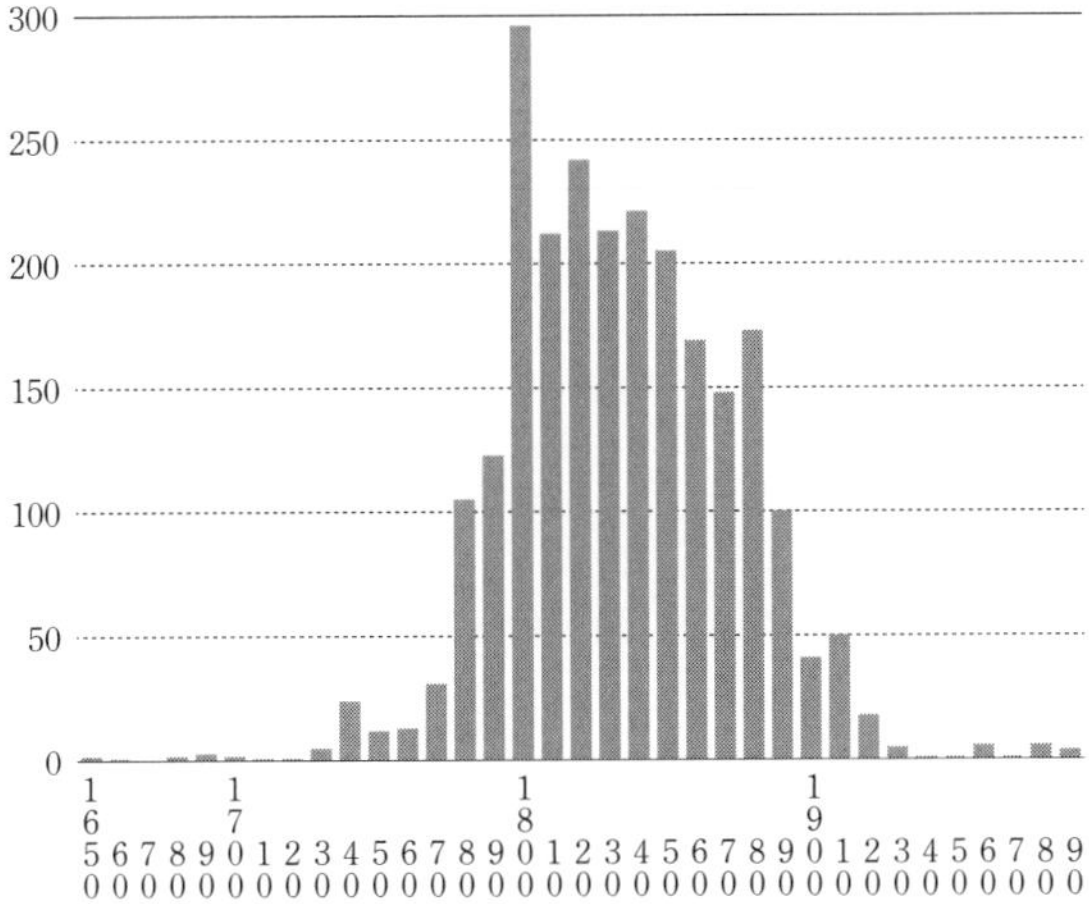

上のグラフは一六五〇年から一〇年ごとの算額の枚数の推移を示したものである。[*2]

このグラフからもわかるように、算額は天明（一七八一〜一七八九）の頃から急激に増え始め、一八〇〇年から一八〇九年にピークを迎えた（この一〇年間に作成された算額は二九六枚である）。現存するもっとも古い算額は、栃木県佐野市大蔵町の星宮神社に一六八三年に奉納されたものである。現存といってもこの算額は火災にあって黒く焦げており、文字などは判読できない（現在、複製された額を見ることができる）。明治になってからもしばらく算額は製作されていた。一八七〇（明治三）年から一八九九（明治三二）年までの三〇年間に作成された算額は四二一枚。明治維新を迎え数学の西洋化が進むなかでも、算額の奉納の習慣は残っていたのである。

算額の奉納は現在でも時折有志によって行われ、二〇一八年にはニュージーランドの研究者ロザリー・ホスキング氏がカンタベリー大学の有志とともに京都の北野天満宮に奉納した。これは外国人による初めての算額である。[*3]

算額の枚数は地域によって非常に異なる。文献に記載されたものも含めて、便宜上現在の都道府県別にカウントすると、多数の算額が認められるのは次のようになる（カッコ内は現存枚数）。

東京都三六九枚（一六枚）
岩手県一八四枚（九七枚）
福島県一五三枚（一一一枚）
長野県一〇九枚（五四枚）
新潟県一〇五枚（二七枚）

算額の分布は東日本に多く、西日本は比較的少ない。関西で多いのは、

兵庫県五〇枚（二七枚）
大阪府四七枚（一三枚）

岡山県三四枚（二五枚）

である。なお中部では、

愛知県六三枚（一六枚）
岐阜県二五枚（八枚）
三重県三〇枚（一一枚）

となっている。

川島神明神社の算額

一九八三年、三重県四日市市川島町にある川島神明神社で三枚の算額が発見された。それを年代順に並べてみると、

一七九〇（寛政二）年　願主、森川永興、伊藤永信（門人）、広田忠興（門人）
一八四四（天保一五）年　願主、柳川安左衛門（武州忍藩　石垣宇左衛門知義門人）
一八六三（文久三）年　願主、清水貞信（加藤知義門人）

である。このうち一八四四年の算額の裏面には、一八六四（文久四）年に清水中治（柳川安左衛門門人）が表面の解答についての解説を書いている。

ここに登場するそれぞれの人物の詳細は不明であるが、師弟関係が、

一七九〇年算額　森川永興┬伊藤永信
　　　　　　　　　　　　└広田忠興
一八四四年算額　石垣宇左衛門知義――柳川安左衛門――清水中治
一八六三年算額　加藤知義――清水貞信

となっていることはわかる。もし一八四四年の石垣宇左衛門知義なる人物が一八六三年の加藤知義と同一人物だとすると、柳川安左衛門と清水貞信は兄弟弟子ということになる。また、一八四四年の算額の清水中治と一八六三年の清水貞信は一族の可能性もある。

川島神明神社は現在の近鉄四日市駅からほぼ西へ五キロメートルほどの地点にある。そこから西北へ距離で一四キロメートルほどに位置する菰野《こもの》町切畑にある伎留太《きるた》神社にも算額が一枚ある。この算額は一七九七年に切畑村の庄屋大橋政五郎が奉納した算額である。切畑では政五郎のことを「そろばんで土蔵を開けた」と伝えている。その意味は明瞭でないが、政五郎が数学の能力で

村人に評価されていたことは確かであろう。この算額の裏面に政五郎は森川永興の門人であると書かれている。森川には伊藤永信、広田忠興のほかに少なくとももう一人門人がいたのである。地域での師弟関係の広がりが浮かび上がってくる。

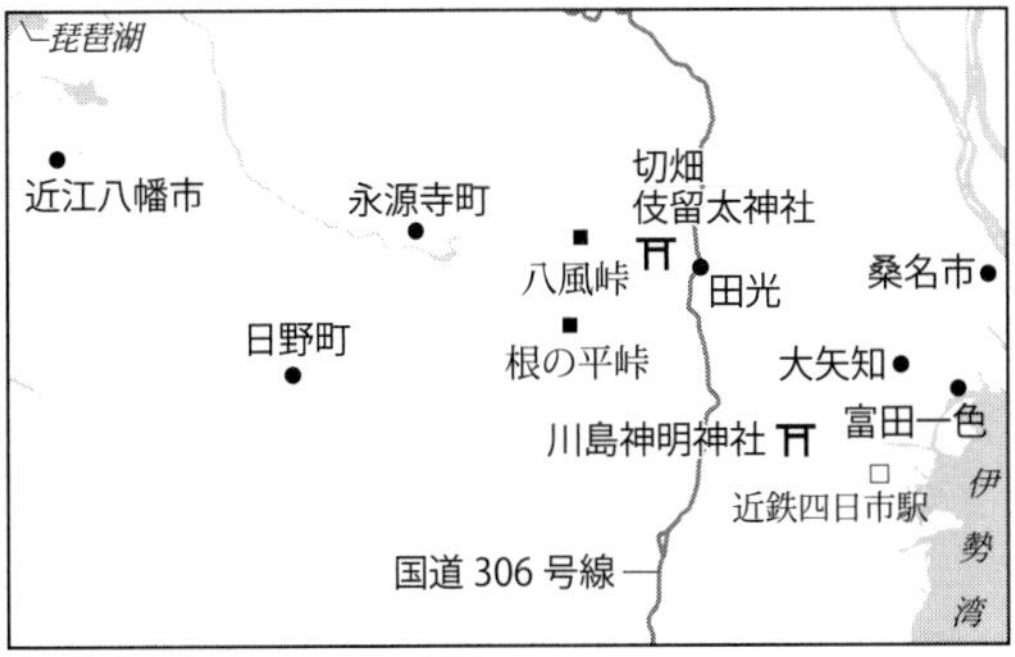

三重県四日市市川島町の川島神明神社、同菰野町切畑の佼留太神社、武州忍藩飛地の陣屋があったと思われる大矢知の、おおよその位置を示す。川島神明神社から大矢知まで約８キロメートル、川島から切畑まで約14キロメートルである。川島神明神社に算額を奉納した柳川安左衛門が川島在住だとすると、定期的に師匠、石垣知義を訪ねて大矢知まで通ったのかもしれない。

さて、森川らが奉納した一七九〇年の算額に広田忠興が記した問題は実は広田が作成したものではなく、「江州日野神社」に奉納された問題の解答を書いたものである。江州とは近江のことである。現在日野神社はなく、管見の限りでは当時の所在地もよくわからない。広田と兄弟弟子だった大橋政五郎の地元、切畑から西へ向かうと、まず八風渓谷を通って鈴鹿山脈を登り八風峠に至り、そこから今度は滋賀県の永源寺町へ下り、近江八幡に達する。一方、切畑から東に少し下ると田光《たびか》で南北に走る巡見道（現在の国道三〇六号線）に出て、さらに東南に向かえば後に忍藩の陣屋が構えられた大矢知《おおやち》を経て、四日市市富田一色《とみだいしき》で伊勢湾に出る。田光は富田一色と近江八幡を結ぶ東西の街道と巡見街道の交差点で当時繁華な地点であった。切畑はそこから西に入ったところにある。広田はあるいはこの道を通って近江側に出て、そこで算額を見たのかもしれない。三重県から滋賀県に到るには今述べた八風越の道のほかに、少し南の根ノ平峠を越える根ノ平越がある。この根ノ平越を近江へ下ったところが現在の日野町であり、額が掲額された川島からはこちらの根ノ平越の方が近いかもしれない。いずれにせよ、広田は日野神社で見た算額に触発されて算額を書いた。日野神社に奉納された算額には解答も書かれたはずであるが、あるいはその解答が誤っていたのかもしれない。

また、川島町の隣の菰野町の広幡神社で、一九九六年に算額が一枚発見された。願主は関流伊藤祐斎の門人、村井哲蔵藤原長影である。村井については次のことが知られている。[*4]

長影の遠祖は潤田の城主大久保氏という。代々菰野藩に仕官した。長影その子長央も関流和算家藤田定貞の門弟となり数学を学ぶ。父子共に菰野藩の勘定奉行を勤める。家に和算の寺子屋を開き領下の子弟を教育する。また長央は歌人であった。

ここにあらわれる伊藤祐斎、村井長影、村井長央と川島神明神社に掲額した者との関係は不明だが、川島町、菰野町一帯は数学の盛んな地域であったといえよう。

このように、算額はその地域の数学に関わった人々の生活の痕跡をとどめる遺産である。師匠の元に入門して数学をある程度学べば、近隣の神社に掲額されている算額の願主と知り合いになる機会もあったであろう。あるいは会ったことはなくとも、名前は聞いたことがあるというようなこともあったに違いない。新たな算額が掲額されたときには、その噂は瞬く間に関係者の間に広まり、見学に行く者もあったに違いない。また仕事などで旅をすれば、その途上、神社に立ち寄り算額を探したであろう。自ら算額を掲額する場合には門人らと祝い事をしたであろう。掲額するには経費が必要であり、その工面が大変な場合もあったろうが、それでも掲額する願主に名を連ねることは師匠の元に入門したときからの一つの夢である。算額の掲額は数学を学ぶ者にとって晴れがましい一大事であった。

第二節　算額を読み解く

天保一五年の算額

前節で取り上げた川島神明神社の三枚の算額のうち、ここでは一八四四（天保一五）年の算額を読んでみよう。この算額問題は江戸時代の日本の数学の一つの特徴をよく表している。

奉掛御宝前

今、［次ページの］図のように累円と挟円（仮に五つの円の最後を末円とする）を描く。大円の直径は一二一寸八分、末円の直径は一分である。初円より末円に至るまでの円の総計を問う。

答　一六個。

計算法　大円の直径を末円の直径の四倍したもので割って、平方に開き（割り切れない部分は捨てる）、一を引いて円の個数として、問題の条件に合う。

武州忍藩　石垣宇左衛門知義門人

願主　柳川安左衛門

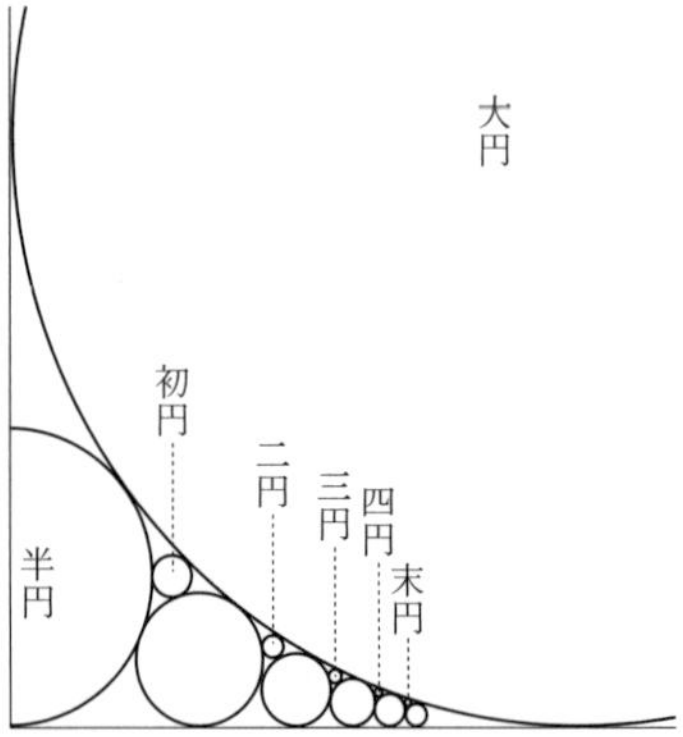

天保十五（甲）辰孟春

武州忍藩は武蔵埼玉郡（現在の行田市）にあった藩である。一八二三年、桑名藩奥平松平氏が忍へ転封になった折、鈴鹿越えの街道を含む員弁《いなべ》郡、朝明《あさけ》郡、三重郡の一部はそのまま残り、これが忍藩の飛地となった。柳川安左衛門の師匠、石垣知義はこの地域の者だったのであろう。一方、額が掲額されたのは南の川島だから、願主の柳川安左衛門はこの川島の者であったのかもしれない。とすれば、安左衛門は川島から師匠の石垣知義のところへ距離約八キロメートルの道を定期的に通い、数学を学んでいたことになる。

問題は直径が一二一・八寸、末円の直径は〇・一寸のとき、初円から末円まで何個か、というものである。答えは一六個で、計算式は大円の直径をR、末円の直径をrとするとき、

$$\left[\sqrt{\frac{R}{4r}}\right]-1$$

である。ここで［　］は小数以下を捨てる記号（ガウス記号）である。

さて、この額が興味深いのは裏面に柳川安左衛門の門人が解説を書き込んでいる点である。詳細な説明は省いて概要のみを紹介しよう。

【第一段】まず三平方の定理を用いて甲、乙、丙、丁の直径を求めると、

甲の直径は大円の四分の一（$R/4$）
乙の直径は大円の九分の一（$R/9$）
丙の直径は大円の一六分の一（$R/16$）
丁の直径は大円の二五分の一（$R/25$）

であることがわかる。額の裏面にはここまでしか書かれていない。しかし、さらに計算を続ければ戊の直径が大円三六分の一（$R/36$）、癸の直径が大円の四九分の一（$R/49$）というようになっていることは容易に推測できる。

【第二段】初円、二円、三円の直径を求める。ここでは互いに外接する三つの円の隙間に第四の円を接するように容れたときその円の直径を求める公式を用いる。三つの円の直径をa、b、cとするとき、隙間に容れた円の直径xは、

$$(a^2+b^2+c^2)+(-2ab^2c^2-2a^2bc^2-2a^2b^2c)x+(2abc^2+2ab^2c+2a^2bc-a^2b^2-b^2c^2-c^2a^2)x^2=0$$

を満たすというのが公式で、当時「三円内容円」と呼ばれ、非常に重要な公式の一つであった。公式といっても現代ではこのような公式は学ばないし、学ばなくとも何ら不自由もないのだが、当時は接触する三円の隙間に円を描く問題が多くあったことから、この公式はよく使われた。ちなみに、この公式の係数は複雑に見えるが、よく見ると三円の直径や冪が規則的に巡回している。係数に含まれるa、b、cを入れ替えても同じ式にならねばならないから、このように規則的になっているのである。

それはともかく、この公式を用いて丹念に計算をすると、

初円は大円の二十八分の一（$R/28$）
二円は大円の五十二分の一（$R/52$）
三円は大円の八十四分の一（$R/84$）

となる。これから初円、二円、三円以下の直径を順に x_1、x_2、x_3 とすると、これらは a を大円の直径として、

$$a - 28x_1 = 0$$
$$a - 52x_2 = 0$$
$$a - 84x_3 = 0$$
$$a - 124x_4 = 0$$
$$a - 172x_5 = 0$$

という方程式を満たす。

【第三段】第二段で得られた数値の列、

28, 52, 84, 124, 172

からその続きを推測する。まずどの数も4で割り切れるから4で割って、

7, 13, 21, 31, 43

を考える。ここで、

$$7 = 2(1+2)+1$$
$$13 = 2(1+2+3)+1$$
$$21 = 2(1+2+3+4)+1$$
$$31 = 2(1+2+3+4+5)+1$$
$$43 = 2(1+2+3+4+5+6)+1$$

と変形してみると、規則性を見出すことができる。

【第四段】裏面の記載は第三段までしかないが、第四段として解の続きを推測してみよう。円の個数をnとすると、

$$2\{(1+2+3+\cdots+(n+1)\}+1=(n+1)(n+2)+1$$

であるから、

$$a-4\{(n+1)(n+2)+1\}x_n=0$$

である。このnに関する二次方程式を解いて、

$$n=\sqrt{\frac{a}{4x_n}-\frac{3}{4}}-\frac{3}{2}$$

となる。ここに$a=122.8$と$x_n=0.01$を代入すると、$n=16$が得られる。

第四段の最初の式は円の個数がnの場合の式であるが、江戸時代にはこのような一般の場合の

式を表す明確な方法がなかった。そこで、この段の内容を文章で書くことになるが、それは第三段までのように簡単ではない。考えたことを数式で明確に表現できないのはまったく不便なことであるが、当時の人々にとって数学とはそういうものであった。そこでこの第四段は書かれなかったのであろう。

ところで、この最後の式は算額にかかれている式とは異なっている。その理由ははっきりしないが、大円の直径 121.8 はあるいは 122.8 の誤りかもしれない。[*5] 仮に末円の直径が 0.1 のときに円の個数が16個となるように大円の直径 a を求めると 122.8 となる。

願主柳川安左衛門

二〇一一年、算額の願主、柳川家の本家から『算法点竄指南録』と『天文図解』が発見された。このことから、算額を掲額した柳川安左衛門がこの柳川氏本家の者である可能性が出てきた。安左衛門が石垣知義に師事しつつ、『算法点竄指南録』を読んでいたことは今紹介した算額の内容からも首肯できる。実際、『算法点竄指南録』には算額の内容と類似した問題もある。これらの書籍が安左衛門所蔵のものならば、安左衛門が『天文図解』を学んだことも理解できる。数学を嗜む安左衛門が暦術に関心を持つことは自然なことである。安左衛門がこれらの書物で数学や暦術を学び、石垣知義の門人として算額を掲額したことは、これまで名前しかわからなかった安左衛門の生活をわずかながらも実在感を伴って感じさせるものである。安左衛門には額の裏面に解説を記した門人がいたことから、調査が進めばさらに関係する資料が発見されるかもしれない。

　このように、地域史の研究によって新しい数学文化の一面が明らかにされることがある。算額は歴史の表に現れた一つの指標である。その背後にある人々の暮らしぶりの一端がこうして明らかになれば、その算額の意義も一層輝きを増す。

第三節　現代の数学文化は江戸時代より豊かか

　現代の数学が江戸時代の数学に比べて格段に発展していることは疑いのないことである。江戸時代の数学に何か新たな問題を見出せるとか、解法で参考になるといったことはほとんどない。現代数学の知識をもって江戸時代の数学を眺めれば、彼らにとって困難だった点や、うまく解が得られた理由を説明することができる。江戸時代の数学でわれわれにとって難解に思えるのは、現代の数学が不十分なのではなく、記述が不足しているとか、資料が欠如しているというような場合である。このように数学そのものについていえば現代の数学が江戸時代の数学を圧倒しているのだが、社会全体としての数学との関わり、数学観、あるいはもっと抽象的に数学を文化として考えたときに、現代がはたして江戸時代を圧倒しているかいうと、必ずしも明らかではない。以下ではこの問題を少し考えてみたい。

　数学が苦手な中学校や高等学校の生徒が「数学を勉強して何の役に立つのか」と質問すること

がある。仮に教師が「現代文明の基礎で、数学がなければビルも建たないし、家電製品も作れない」というような返答をしたところで生徒は納得しないし、そもそも教師もそれで納得してもらえるとは思っていない。実際、日常生活で直接役立つ数学というのは加減乗除などの算数であって、因数分解も、方程式の解法も、サインもコサインも不要である。最近は電卓やコンピュータなどがあるから、日常生活では算数すらさしたる必要性が感じられないが、実は数学の必要性はますます高くなっている。ただし、それを中学生や高校生に伝えることは難しい。現代文明は高等学校までの数学がただちに役立つという水準よりはるかに高度で、微分方程式など大学の数学を学ばなければ、数学の役立つ場面を理解することはできない。

江戸時代の人々が現代人よりも多くの計算をこなしていたのは確かであろう。電卓やコンピュータのようなブラックボックス化した計算道具はなく、玉を動かさなければ計算のできないそろばんしかなかったからである。特に江戸も中期以降になると社会生活を営むのに珠算は必須の技能であった。そして珠算技能だけで大抵の用途には間に合った。それは『塵劫記』に種々多様な職業に関する算数の問題が採り上げられているのを見れば了解されよう。江戸時代の人々は皆、算数が社会において重要な知識、技能であることを理解していた。「そろばんが何の役に立つのか」などと文句をいう者はいなかった。

現在の数学の教科書では、高校三年生まで数学を学べば微分積分の基礎がわかるような仕組みになっている。高校生の多くが微分積分を学んでいる状況は立派なことである。しかし、その反面、最低一〇年以上算数、数学を学んだにもかかわらず、分数の計算を正しくできない大学生が存在するのが現実である。[*6]

江戸時代にも算数の苦手な子供、数学の嫌いな大人は大勢いたに違いない。それは現代と同じである。しかし、そのような者は数学など勉強しなくてもよかった。数学の塾の門人となった者は皆、数学を楽しみとした。高度な数学が要求されたのは暦術くらいであって、塾に入門した者のうちの大半は算額などを奉納したり、互いに問題を出し合ったりして数学を楽しんでいた。理論的な水準でいえば中学校レベル、高等学校レベルの問題であっても、その計算は概して複雑で計算量も現代の中学生や高校生が試験などでこなす量よりもはるかに多かった。複雑で長い計算過程を楽しんだのである。

数学的に考える能力、計算能力には個人差がある。同じ問題でも、早く答を出す者もいれば、十分に時間をかけてようやく解答を得る者もいる。塾に入門してくる者の能力はさまざまであったが、これはさしたる問題ではなかった。塾では学ぶべき項目の順序は定められていても、それぞれの達成すべき年限は定められていなかったからである。叱咤激励はしても、門人が納得もしていないのに先に進むというようなことはなかった。つまり落ちこぼれなど存在しなかった。嫌になればやめればよいだけのこと、嫌なものを続けなければならないという辛さは存在しなかった。現代の中学生、高校生は期末試験や入学試験のことを念頭に、早く解答を得ることが重要だと思っている。江戸時代には早く解答のできる者はもちろん尊敬されたにちがいないが、遅くても計算の過程を楽しめればそれでよかった。江戸時代に複雑な計算を必要とする問題が好まれたのはこのためでもあった。楽しむ時間は長い方がよいのである。

現代数学は数学者とそうでない者の間でイメージに大きな隔たりがある。例えば高校生にとって数学は与えられた問題を解く科目であって、公式というルールを覚え、それを適用して与えられた問題を解く一種の（必ずしも楽しくない）ゲームに過ぎない場合が多い。答があるとわかっている問題を解くのであるから、これは受動的な活動で、目標はあくまでも出題者の用意した答えにたどり着くことなのである。これは大人の場合も同じで、小学校から高校までの一二年間を振り返ったとき、一回も自分で数学の問題を作ったことのない者が大半であろう。

それに対して江戸時代には、数学の塾に入門する者は皆、自分で問題を作りそれを解くのが目的であり、問題作りを目指さずに塾に入門する者など皆無だった。彼らは書物や師匠、先輩の門人から学んだ後、いよいよ自分で作る。平面幾何の問題を作るのはまず師匠や門人仲間に見せるためである。さらに機会に恵まれれば、算額として神社に奉納して不特定多数の者に見せるのであるから、図形が美しく、線分の長さなどの数値がなるべく単純で、さらに答も単純な数値になることが望ましい。計算の詳細を書かないのは、これが見る者に対する挑戦だからである。となると計算過程は複雑でもよい。むしろ複雑な計算過程を経て最後に得られる答が単純なものが賞賛の対象であったろう。そのような問題を作成するのは実はなかなか難しい。いろいろな試行錯誤を重ね、時間を費やしたに違いない。また、自分の出した答が誤っていれば恥をかくことになるから、何度も計算をくり返し、考え方に誤りがないか確認し、実際に答を問題に当てはめて確認するなど、慎重になったと思われる。

近年、中学生や高校生を対象にした算額コンクールや授業のなかでの算額作成などが試みられている。いくつかの平面幾何の例を見せると、中学生でも高校生でも思い思いに問題を考え出す。そこにはそれぞれの生徒の感性や個性が如実に現れる。中学生の場合、自分で作った問題をそれまでに学んだ知識では解けない場合が多い。これは教育課程がそもそもそのようには考えられていないからである。たとえば三つの円が互いに外接していれば、その間に円を容れてみようと思うのが人の常であろうが、この場合は「三円内容円」の公式が必要になるし、簡単に見える図形でも方程式の次数が三次、四次以上になってしまうことはよくある。その生徒の理解できる範囲ならば頑張って教えてみようという気にもなるが、先生にとっても解くのが大変な場合や、方程式の次数が高くなって具体的に解けない場合には、残念ではあるがその方向からは撤退して、別問題を模索することになる。そのような制約の下でも、生徒の個性が現れる問題を作れるところが数学の広がり、奥深さを示している。そして、実際には先生が解くことになったとしても、生徒は自分の作成した問題の解を理解しようと真剣になる。自分の作った問題には愛着があり、自分で解けないのはいかにも口惜しい。

たとえ作った問題が簡単なものであれ、このような経験を積むことができた生徒は非常に幸せである。数学は本来、問題を作ることと問題を解くこととから成り立っている。現代の数学は一見すると個々の問題を解くことよりもむしろ理論を作ることに重点が置かれているようにも見えるが、その契機には個別の解くべき問題がある。大人も含めて大半の人々が数学を単に与えられた問題を早く解くだけのものと思っている現在と異なり、江戸時代の人々は自分で問題を作り、自分でそれを解くことに喜びを感じ、それを楽しんだ。その結果、類似した問題が大量に生産され、われわれは今日それを当時の書物や算額に見ることになった。それは失われた数学文化の残滓《ざんし》を見ているようでもあり、同時にその活力を見ているようでもある。

二〇一六年に私は「まちなか大学院」という一般向けの夜間講座で算額作りをした。受講生の年齢は四〇代から七〇代まで幅が広く、職業もさまざま、数学の基礎知識の水準もさまざまであった。そして毎週集まると、いろいろな雑談や情報交換をしつつ、問題の解答を考察した。近世の塾の門人の集まりもかくやと思わせるものだった。当初は当時の算額づくりを体験するだけのつもりだったが、受講生の作る問題は独創的で素晴らしく、それらを算額に仕立てて、二〇一七年三月の川島神明神社の祈年祭の折、実際に奉納した。当日は暖かい陽気で、神主の祝詞や子供たちの神楽舞の奉納があった。今回の算額奉納は川島神明神社で一五〇年振りの出来事であったが、江戸時代の人々もおそらく、私達と同様に晴れがましい気持ちになったことと思われる。

＊1　深川英俊『例題で知る日本の数学と算額』（森北出版、一九九八年）による。以下も同様。これは

二〇年以上前の集計であり、その後若干の新発見がある。

＊2　深川前掲書。

＊3　近年、算額文化は海外でも注目され、Tony Rothman, *Japanese Temple Geometry*, SCIENTIFIC AMERICAN, May 1998 や Tony Rothman and Hidetoshi Hukagawa, *Sacred Mathematics: Japanese Temple Geometry*, Princeton: Princeton University Press, 2008 で紹介されている。

＊4　佐々木一「菰野の絵馬」『こもも文化財だより』（菰野町教育委員会、一九九七年）九ページ。

＊5　原山潤一氏の指摘。小川束「川島御厨神明社寛政二年の算額」『四日市大学論集』第二巻第二号（一九九〇年）二〇七〜二一五ページ。

＊6　岡部恒治・西村和雄・戸瀬信之編『分数ができない大学生』（東洋経済新報社、一九九九年）。

第九章　明治維新と日本の数学——旧数学から新数学へ

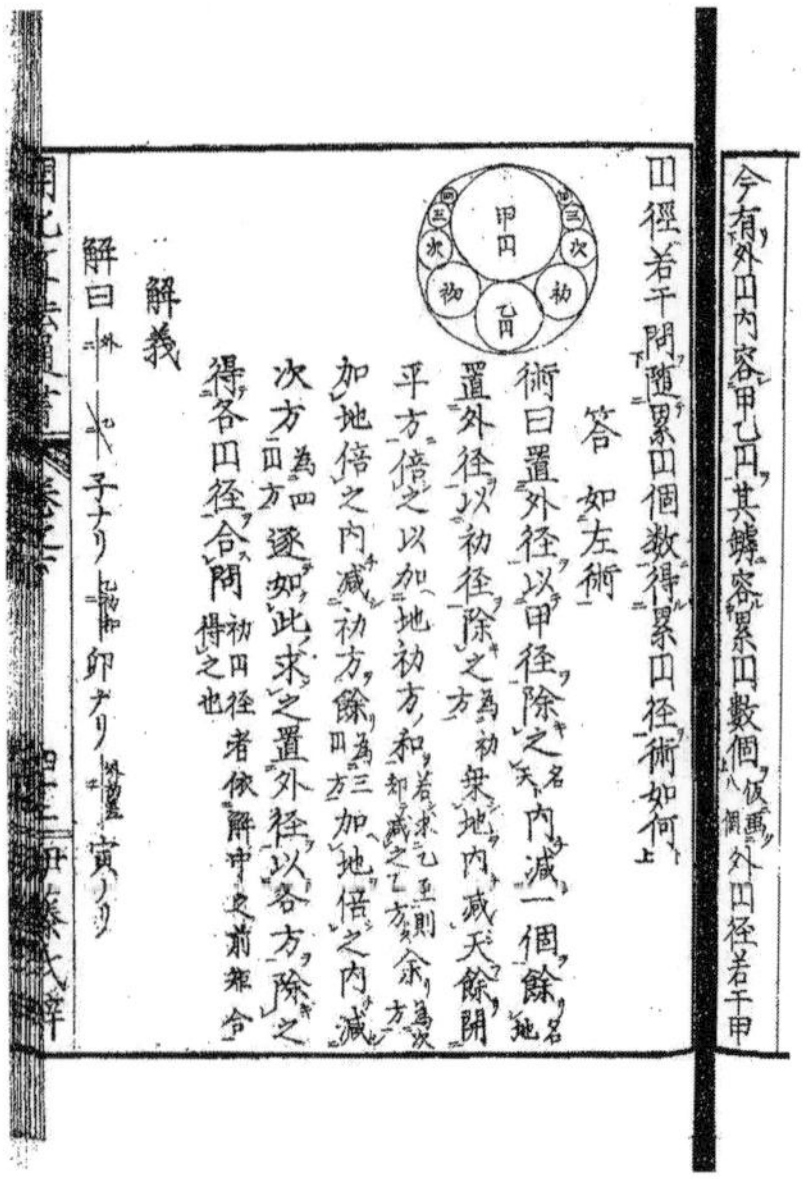
今有外円内容甲乙円其隙容累円数個外円径若干甲
円径若干問随累円個数得累円径術如何
答 如左術
術曰置外径以甲径除之名天内減一個餘名地
置外径以初径除之為初衆地内減天餘開
平方倍之以加地初方和若求乙至則知減之乙方余為次方
加地倍之内減初方餘為三方加地倍之内減
次方為四方遂如此求之置外径以各方除之
得各円径合問 初円径者依解中之前術令得之也
解義
解曰 子ナリ 卯ナリ 寅ナリ

長井忠三郎編輯『開化算法通書』（国立国会図書館特37-860） 累円術の問題部分（巻下41丁裏～42丁表）。1882年に刊行された本書は明治期における数学の西洋化の過程が単純ではなかったことを示す一例である。「開化」を謳っているが、主要部分は典型的な江戸時代の数学である。

江戸幕府の崩壊後、明治政府の喫緊の課題はなんといっても富国強兵を実現し、西欧に対抗できる国家を建設することであった。そのためには西洋文化の受容と新学問の研究、新教育の普及は欠かせない条件であった。いわゆる文明開化である。

数学に関していえば、一八七二年の学制によってそれまでの日本の伝統的な数学(和算)は全面的に廃止され、西洋の数学(洋算)を採用することとなった。もっとも、当初洋算を教授できる教員は限られ、導入したはずの筆算をまったく教えない地域もあった。そこで政府はやむを得ず、翌一八七三年、学制を改定して改めて珠算も認めるとした。珠算はその後、昭和になって電卓が登場するまで日常生活で利用されるのだが、数学自体は西洋の数学、つまり今日私達が学んでいる数学に統一された。江戸時代の数学教授で生活していた者は、一部は転向して西洋数学の教師となり、一部は和洋折衷の教師となり、そして一部は西洋数学を拒否して最後まで日本の伝統的な数学教師であり続けた。

本書は江戸時代の数学文化について考えることが主眼である。その点からいえば、明治期の数学文化は本書の視野外である。しかし、幕末、明治初期の数学文化を概観することで、あらためて江戸時代の数学文化の特質も明らかにできよう。本章ではそのような観点から、これまでに見てきた日本の伝統数学とは一体何だったのかを少し考えてみたい。

第一節　幕末、明治の数学を考える

西洋数学の受容

日本は江戸時代においても多少の西洋数学を輸入していた。すでに第五章において、対数を含む外国書として中国の『数理精蘊』や、桑名藩主松平忠和の所蔵していたオランダ書 *De Geheele Mathesis of Wiskonst*（A. de Graaf）があったこと、しかし、それら西洋数学は日本の数学に大きな影響を与えなかったことを述べた。このことに関して、三上義夫は『東西数学史』のなかで次のように記している。[*1]

これ和算は民間のものであって、官府に関係あるもの少なく、西洋の高等数理に接触する機会に乏しかった事も関係があろうが、又和算の発達は著しいもので、西洋の初等数学書を見ても、図などから余り感服する程でもなかったやうの事情もあったらう。

西洋数学は維新後の政府による政策によって本格的に導入された。国は軍事、産業、民生の基盤としての西洋数学をそっくりそのままの形で受け入れることが最良の方法であると考えた。数学は維新を迎えて初めて政治の対象、つまり政治化したのである。それまでの数学「和算」は日用算、暦算を除けばほとんど社会に影響を与えない「民間のもの」であったのに対して、維新によって数学は全面的に国の政策に関わる「官府に関係あるもの」となった。

確かに、西洋の数学をいちいちそれまでの縦書きに翻訳するなど迂遠である。そこで政府は、西洋数学を教えられる教師がいるかどうかという問題にはあえて目をつぶって、前時代の数学に固執せずと決断した。乱暴といえば乱暴である。しかし一刻も早い西洋数学受容にはそれが最速であると考えた。

軍事、産業、民生の基盤としての数学というのは、数学をそれらに応用するということである。維新前、数学に関わっていた者にとって、現実における応用は最重要課題ではなかった。平面幾何に関する膨大な蓄積にも見られるように、数学そのものが目的であり、それまでの方法で十分満足していたわけであるから、西洋数学は必要なかった。江戸時代の数学書の序文には数学が日常生活に役立つことを一言述べたものも多いが、それは儒学を拠り所にした形式的な記述にすぎず、数学がそれ以上に本質的な意義をもつべきだとは主張していなかった。端的にいえば、それは物理学などのいわゆる自然科学が未だ発達していなかったことによる。問題意識の範囲外のものはつまり必要のないものであり、それが眼前に差し出されても、関心が高まらないのは当然である。

数学に関わっていた者は西洋の数学書を見て、自分たちの数学の方が高度であると感じたが、総体として強力に西洋数学導入に反対したわけでもない。小倉金之助は大橋道甫《どうほ》（訥庵《とつあん》）の『闢《へき》邪小言《じゃしょうげん》』（一八五七年、四巻四冊）から次の例を引いて、当時西洋数学の輸入に対する反対論もあったと述べている。[*2]

或人問ふ。吾子のいふ所によらば、何れの国にても、天文暦算の学よりして、砲熕《ほうこう》火技に至る迄、凡そ西洋に出たることは、一切禁絶すべしとするや。答て曰く、固より然り。されども暦算の中などには、今に及では遽に概棄し難き事もあるべきか。さらば官府のみにて扱ふて、草莽間の者どもの、私に洋籍を読て、私に其説を唱ることをば、一切に厳制すべし。

大橋訥庵（一八一六〜一八六二）は坂下門外の変の主導者とみなされた人物で、尊皇攘夷論者として有名である。他にも『闢邪小言』巻亨には「西洋天を知らざることを論ず」という章があり、儒学における天の思想から暦学へと議論が進む。暦自体は役に立つとしても、日食や月食はそれ自身に天変地異の徴《しるし》として意味があるのだから、正確な予報をしてもそのことに触れない西洋の暦計算は言語道断、当然ながら西洋暦法の輸入には反対する、というのがそこでの主張である。暦法は計算であるから間接的には数学の輸入に反対することに繋がるとはいえ、これをもって大橋訥庵が西洋数学の輸入反対を主張したとは牽強付会の感がある。それはともかく、小倉が大橋訥庵の「役立つ部分は官府にまかせておいて在野の者は触れるべきではない」という主旨部分をあえて引用するのは、三上が『東西数学史』に記した「民間のもの」―「官府に関係あるもの」という対立関係を意識したものである。

科学・技術の基礎としての数学の導入と教育に関しては、幕末から明治初期にかけての長崎の海軍伝習所、沼津の兵学校、築地の兵学寮など、教育制度に言及しなくては成り行きを明らかにすることはできない。しかしそれは本書の範囲を超えているから、ここでは注目すべき人物として菊池大麓《だいろく》（一八五五～一九一七）と藤沢利喜太郎《りきたろう》（一八六一～一九三三）の二人を採り上げたい。[*3] 標語的にいえば、菊池は日本における数学教育の基礎を築き、藤沢は新時代の数学研究の端緒を切り開いた人物である。

菊池大麓――幾何学の導入

菊池大麓は一八五五年、箕作秋坪《みつくりしゅうへい》の二男として江戸に生まれた。[*4] 秋坪は箕作阮甫《げんぽ》の弟子で、蘭学者であった。[*5] 菊池は六歳のとき幕府の洋学教育組織だった蕃書調所《ばんしょしらべしょ》に入り、英語や数学を学んだ。そのときの数学の教師神田孝平は、後に我が国最初の学会で日本数学会や日本物理学会の前身である東京数学会社（一八七七年創立）――会社といっても営利団体ではない――の社長になった人物である。菊池はそこで八歳のとき世話心得になり、九歳のときには句読教授当分助となった。「当分助」というのは「さしあたり助手」というくらいの意味であろう。あまりにも歳が若いのでそのような名称がついたと見え、菊池の早熟さを示すエピソードである。

菊池は一八六六年、幕府の命でイギリスに留学することになった。このとき一一歳で、留学した一行一四名のうちで最年少であった。シンガポール、エジプトを経由してロンドンに至り、留学生の監督、教育などの世話をすることになっていたウィリアム・ロイドの用意した家に他の留学生とともに同居し、毎日三、四時間英語を学んだ後、一八六八年にユニバーシティ・カレッジ・スクール（ユニバーシティ・カレッジの付属高校）へ入学した。ところが通い始めて二週間経った頃、幕府の大政奉還奏上のニュースが伝えられ、さらにその三ヶ月後には幕府の帰国命令が届いた。そのため「極楽へでも来た心地で、その愉快と言ったら、譬へやうにも話しやうにも無かった」[*6]留学を切り上げ、帰国を余儀なくされたのである。

帰国した翌年、一八六九年、開成学校（蕃書調所の後身）に入りフランス語を学び、さらにその翌年には大学南校（開成学校の改称）で英語を教授した。他の教師は皆和服だったが、菊池一人洋装で眼鏡をかけていた。このとき菊池は一五歳であった。一八七〇年、今度は明治政府の命によりロンドンに留学した。二年ぶりのロンドンで菊池は再びユニバーシティ・カレッジ・スクールへ通い、一八七三年同校を卒業した。当時、諸教科のなかではギリシア語、ラテン語、そして数学がもっとも重要な教科とされ、それぞれの最優秀者には賞が与えられることになっていた。菊池は卒業にあたってこれらの三賞の内、ケース・プライズ（ラテン語）、クックス・プライズ（数学）を受賞し、首席卒業者となった。

卒業後、菊池はロンドン大学とケンブリッジ大学の両方に合格した。ロンドン大学の入学試験では優秀な成績を上げ、年間一五ポンドの奨学金を二年間受けた。ただし実際に通ったのはケンブリッジ大学のセント・ジョーンズ・カレッジである。当時、ロンドン大学は実際に在学しなくとも最終試験を受けて合格すれば学位を授与されたため、優秀な学生はロンドン大学に登録しておきながら、実際には別の大学で学んだ。菊池も当時の秀才の典型的進路をたどり、ロンドン大学に登録しておきながら、数学の優秀者が多く入学していたセント・ジョーンズ・カレッジで学んだのである。

一八七四年、官費留学生に対して一斉帰朝命令が出て、留学生は六〇日以内に帰国するか、自費で留学を続けるかの選択を迫られた。このとき菊池は当時ロンドンに留学中の蜂須賀茂韶《もちあき》の援助を受けて、留学生活を続けることができた。

四年間の勉学の後、一八七七年、数学科の優等学位試験（トライポス、当時、学位には普通学位と優等学位の二種類があった）を第一級（ラングラー）第一九位で合格し、学士号を取得した（一八八一年に修士号を授与されるが、これは学位取得後数年して登録料を支払うと自動的に授与されるものである）。ケンブリッジにおける数学の優等学位試験はイギリスにおける超難関試験である。優等学位を目指す学生にとって、カレッジ生活とは受験勉強を中心においた生活であった。

菊池はこの間、ルーカス教授職[*7]のストークス（流体力学における「ナビエ・ストークスの方程式」のストークス）やサドレアリー教授職のケイリー（線形代数における「ハミルトン・ケイリーの定理」のケイリー）などに学んでいる。

充実したイギリス留学を果たした菊池は、一八七七年に帰国した。その後の経歴はまことに華々しい。まず翌年、二二歳で東京大学理学部の初代教授に就任したのを皮切りに、一八八九年東京学士院会員、一八九七年文部省学務局長、文部次官、一八九八年東京帝国大学総長、一九〇一年文部大臣（第一次桂内閣）と、大臣にまで登り詰めた。菊池が一八九七年に大学における研究から教育行政職へ転出したのは、当時第二次松方内閣の文部大臣であった蜂須賀茂韶からの要請を受けたからであった。菊池の弟、箕作元八によれば、留学中の恩義があるため、断れなかったという。しかし明治初期に海外に留学し、先進国の教育をつぶさに体験した菊池が、日本の発展に必要な数学の教育に想いを寄せ、教育行政において自らの理想を実現したいと考えたとしても不思議はない。

菊池はその後も研究・教育行政にかかわっていく。一九〇六年に学習院院長、一九〇八年に京都帝国大学総長、一九〇九年に帝国学士院院長、一九一二年に枢密顧問官、一九一七年には理化学研究所所長（初代）に就任し、この年六二歳で没した。

菊池には五女、四男があった。長女多美子は憲法学者の美濃部達吉と結婚した。一九六七年から三期東京都知事をつとめた美濃部亮吉は菊池の孫である。次女千代子は民法学者の鳩山秀夫（鳩山一郎の弟）と結婚した。また四男正士は原子物理学者となり、日本原子力学会の第二代会長であった。

菊池はイギリス流の数学教育を受けた最初の日本人であり、藤沢利喜太郎、高木貞治《ていじ》、吉江琢《たく》児《じ》、林鶴一《つるいち》らの後進を育てた。このなかで数学者としてもっとも有名になったのは高木貞治であろうが、本書の主題である江戸時代の数学についていえば林鶴一も大きな足跡を残した。[*8] 林は後年、江戸時代の数学について詳細な研究を重ね、その成果は現在二〇〇〇ページにも及ぶ『林鶴一博士和算研究集録』全二巻にまとめられている。

ここで菊池の主な著作、翻訳書を挙げておこう。

『論理略説』上中下、一八八二年～一八八四年、同盟社、編述

『職業教育論』一八八四年、文部省編輯局（クコット・ラッセルの *Systematic Technical Education for the English People* の翻訳）

『数理釈義』一八八六年、博聞社（ウィリアム・クリフォードの *The Common Sense of the Exact Sciences* の翻訳）

『平面幾何学教授条目』一八八七年、博聞社（英国幾何学教授法改良協会編 *Syllabus of Plane Geometry (corresponding to Euclid)*, Books I～VI の翻訳）

『初等幾何学教科書　平面幾何学』一八八八年、文部省編輯局

『初等幾何学教科書　立体幾何学』一八八九年、文部省編輯局

『初等平面三角法教科書』一八八九年、大日本図書

『幾何学講義』第一巻、一八九九年、第二巻、一九〇六年、大日本図書

『幾何学小教科書　平面幾何学』一八九九年、大日本図書
『幾何学小教科書　立体幾何学』一九〇〇年、大日本図書
『幾何学　合同図形論』一八九二年（金港堂書籍、オラウス・ヘンリシの *Elementary Geometry —Congruent Figures* の翻訳、森外三郎と共訳）
『菊池前文相演述九十九集』一九〇三、田所美治編、大日本図書
『幾何学初歩教科書』一九〇四年、大日本図書
『平面三角法小教科書』一九〇五年、沢田吾一と共編、大日本図書
『新日本』一九一〇年、富山房

これらのうち、幾何学に関するものは中学校（一二歳〜一六歳の五年間）の教科書として執筆されたものである。日本では明治になってからユークリッド（エウクレイデス）の『原論』の幾何学体系が本格的に受容され、その論証方法は徐々に（尋常）中学校においても取り入れられるようになった。しかし本格的な幾何教育は菊池の教科書により一八九〇年代から一九〇〇年代にかけて確立されたのである。菊池の教科書が中学校における幾何教育の確立に果たした役割は多大であった。そもそもイギリスでは伝統的にユークリッドが重んじられ、『原論』には学問全体の規範ともいうべき高い地位が与えられていた。ニュートンもユークリッドの『原論』を学び、その著作『プリンキピア』は『原論』同様に公理、定義から始まり、定理と証明によって構成さ

れている。イギリスで一〇年学んだ菊池が、この『原論』に見られる論証を学ぶことが日本の次代を担う少年にとってもっとも重要だと考えたのも当然である。

イギリスでは当初ほぼ『原論』そのままに幾何学が教授されていたが、改良も模索されていた。『原論』には中学校における教科書として適切でない箇所もあると考えられるようになってきたのである。その成果が一八七五年に刊行された『平面幾何学シラバス』（英国幾何学教授法改良協会編）で、ここには教授すべき事柄が一覧されている。菊池はこの第四版（一八八五年）を翻訳し、一八八七年に『平面幾何学教授条目』として刊行した。これ以降、先の一覧表にある通り、一八八八年の『初等幾何学教科書　平面幾何学』から一九〇五年の『平面三角法小教科書』に至るまでの一八年間に一〇冊の教科書を相次いで執筆、翻訳して、日本の数学教育に多大な貢献をした。

藤沢利喜太郎――新数学の導入

藤沢利喜太郎は一八六一年、新潟に生まれた。父は御家人で蘭学の素養があったため、幕末には奉行所の通詞なども務めた。当時新潟は日本海側唯一の開港で、通詞が必要だったからである。維新後は東京へ移り、後に内務省の社寺局長となった。父の意向もあったのであろう、利喜太郎はまず外国語学校へ入学し、その後、一八七七年、東京大学理学部数学物理学及星学科へ進んだ。同級は田中館愛橘《たなかだてあいきつ》他二名の計四名であった。当時の数学の教師は菊池大麓であった。

一八八二年に卒業すると、菊池の勧めによってヨーロッパに留学した。最初はロンドン大学で学び、続いてベルリン大学、ストラスブール大学で学んだ。ベルリン大学ではワイエルシュトラス、クロネッカー、フックスの講義を聴いている。一八八七年、五年間の留学を終え帰国すると、帝国大学理科大学教授となった。こうして数学科の教授は菊池と藤沢の二名となった。菊池は藤沢に期待をし、藤沢もその期待に見事に応えた。藤沢は主として楕円関数の研究を行った。類体論で有名な高木貞治は藤沢の学生である。菊池大麓はイギリスへ留学したため、当時ヨーロッパで研究していたリーマンやワイエルシュトラスの研究成果には特に関心を示さなかった。

藤沢はその後、数学教育、社会活動に重点を移し、統計学の応用を中心に、多方面にわたって業績を残した。一九〇六年に帝国学士院会員、一九二〇年に学術研究会議会員となり、東京帝国大学を定年退官した後、一九二五年に貴族院議員となり、一九三二年に同再選、翌一九三三年に没した。

藤沢の主な著作として、

『生命保険論』　一八八九年
『算術条目及教授法』　一八九五年
『算術教科書』　一八九六年
『初等代数学教科書』　一八九八年

『数学教授法』　一九〇〇年
『続初等代数学教科書』　一九〇〇年
『総選挙読本』　一九二八年

がある。

藤沢が江戸時代の数学を学んだという証拠はない。その意味でも、藤沢はまさに時代を画する数学者の一人であった。しかし、では彼が江戸時代の数学に無関心であったかというと、そんなことはない。その端的な例は、一九〇〇年にパリで開催された第二回世界数学者会議である。この会議はヒルベルトが「数学の諸問題」と題して一〇個の問題――ヒルベルトの原稿には二三問があったがミンコフスキーとフルヴィッツの勧めによって一〇個についてだけ話をした。今日ではヒルベルトの二三の問題として知られている――を提出したことでつとに知られているが、ここに藤沢も参加し、「日本の古い学派の数学について」[*9]と題した講演で江戸時代の数学を紹介したのである。このときの講演録は、江戸時代の数学に関して欧文で書かれた最初の文献である。

藤沢はこの講演の冒頭で、時間がなかったため資料がないまま船中で原稿を書いたと述べている。江戸時代の数学に精通していることを自賛したかったのであろう。[*10]実際、藤沢は数学教育の改良を目指して一八八八、八九年頃より学校の視察、海外の教科書の調査と並行して江戸時代の数学の調査もしている。

『算術条目及教授法』

藤沢利喜太郎の『算術条目及教授法』（三省堂・丸善、一八九五年）に「本邦に於ける算術の来歴」と題する一節がある（第一編汎論、第七節）。

旧来の和算が我国の数学の発達上少なからぬ影響を与えたことは疑いない。しかし現在の数学について、和算の痕跡を探しても、遥かに遠く見あたらない。思うに、和算の我国の数学に対する影響は間接的であって、たとえば西洋数学の我国への導入についていえば、多少とも和算の心得があれば大いに役立つというようなことである。それ故、我国の現在の数学は西洋より輸入した数学を我国の教育の状態に適合するように改造したものであると考えたとしてもおおよそ正しかろう。

西洋の数学は、他の諸学科とともに、オランダ書と中国の訳書によってはじめて我国に伝わった。しかし長崎時代静岡時代にあっては、洋算は洋算として存在し、わずかに志のある者だけがこれを学んだに過ぎず、普通教育中のいわゆる読み書きそろばんは、なお昔の方法により、和算を用い、いわゆる西洋数学は普通教育のうえでは今日の地位を占めることはできなかった。

藤沢は江戸時代の数学者が加速計算により円周率を求め、円弧の長さを無限級数に展開したことを知っていた。それは江戸時代の数学の発展を示す証拠である。しかし、そのような旧来の数学知識は新しい西洋数学を理解するのに役立つ程度であって、新数学の発展に寄与するものではない。そして現在の数学は西洋数学を我国の教育状況に合わせるように改造したものであると藤沢は見ている。もちろん藤沢の真意は、教育を西洋よりもたらされた新数学に合わせて改造することにあった。

藤沢のいう長崎時代というのは、長崎海軍伝習所の存立した一八五五年から一八五九年頃を指す。長崎海軍伝習所は文字通り海軍の士官を養成する機関で、オランダ人教師のもとにオランダ医学や操船術などを教授した。その教科のなかに西洋数学があったのである。また、静岡時代というのは静岡学問所（一八六八〜一八七二）と沼津兵学校（一八六八〜一八七一）の存立した時代を指す。静岡学問所は府中藩の人材育成機関で、国学の他数学を含む洋学も教授された。沼津兵学校は徳川家の設立した機関で、ここでも数学が教授された。沼津兵学校は積極的に西洋数学を教授し、数理知識が重宝される工兵術の水準の向上に寄与した。幕末から明治初年にかけて西洋数学を学んだ者はわずかで、一般国民は未だ筆算ではなく珠算を用い、数学は旧来の和算であり、西洋数学は今日（『算術条目及教授法』の刊行された一八九五年頃）のような地位を占めていなかったという。

『算術条目及教授法』の緒言に戻ると、執筆の動機が次のように述べられている。

（当初藤沢は数学教育のことを深くは講究していなかったが）其の後よくよく考えてみると、算術はいわゆる読み書きそろばんとして誰もが学ぶ科目であるから、その教授法の良し悪しの影響は他の多くの数学の分野とは比較にならない。もし私がわずかでもこの方面の研究をして、その結果を我が国の算術教授法の改良に役立てれば、世に極めて有益であり、また私の平素の志に背くという罪も償われて、なお余りがあろう。特に我が国にあっては、現在は学問上、教育上の創業の時代である。今私がこの問題に立ち入るのは、そうせざるを得ない時代に遭遇し、避けることのできないことをすることに他ならない。たまたま私の監督下にある少年子弟が算術を学修している各種の学校についていえば、各項目の教授法が混沌錯乱している状況は、私のこれまでの予想をはるかに超えていた。そこで遂に意を決し、学術専攻の余暇に算術教授法改良の方法を講究しようと思い立ったのである。それは明治二一年から同二二年にかけてのことである。[*11]

明治二一年は一八八八年である。藤沢が「現在は学問上、教育上の創業の時代である」と痛感し、「そこで遂に意を決し、……算術教授法改良の方法を講究しようと思い立った」のは菊池と同様であったろう。さらにいえば、最初期に留学した者は皆同様の決意をしたに違いない。菊池大麓も初めてのイギリス留学について後に次のように回想している。*12

今考へて見ると、好くまあその位な年で、彼の時代に洋行を為ようなどとも思ひ、親達も亦よく手放して洋行させたものだと思ふのです。勿論大人が見ると、十二位の少年は、まだ本の子供で、何の考もありさうにもないやうに思ふが、少年と言ふものは存外発達して居るもので、自分などは、もう行きたくつて行きたくつて仕方が無かったです。何でも洋行して、学問を為なければ駄目だとばかり、思っていたやうでした。

菊池は子供ながらに、西洋の学問を学びこれを吸収しなければならないと思い込んでいたが、それは自分のためというよりは国の発展のためという大義にもとづくものであった。実際、一〇年近くの留学によって菊池はイギリス流の数学を身につけ、それを用いて日本の数学教育を変革したのである。

菊池はこの引用の後に、

それにしても、もう三十五年も前のことですから、夜など静かに考ると、丸で夢でも辿るやうに思はれるのです。

と回顧している。これは菊池が文部大臣の頃のことである。帰朝後のめまぐるしい経歴を考え合わせれば、この三五年間の世の中の波瀾万丈の変遷に照らして大きな感慨があり、夜、あたりが静まってみれば文字通り夢のような心地であったというのも頷けよう。明治という時代はかくも激動の時代であった。

『開化算法通書』

明治時代における数学の西洋化の歴史は複雑である。数学研究の動向、数学教育の制度の変遷には紆余曲折があり、また西洋化とは無関係に旧来の数学を研究し、楽しむという保守的な側面もあった。たとえば、明治一五年に刊行された長井忠三郎編輯『開化算法通書』の凡例(一八八〇年識)は次のように始まる。

一　此書幼学を導くを主とし、筆を諸数名義に起し。俗に称するは算見一より漸を逐て巻を為し、方程以上の諸題は悉く解義を付し、点竄術即ち高等算法の諸術に至る。而して巻中設る所の諸題中、或は古書の算題に相似し、又全く同問となるもの無き能はず。然れども其解義に至ては之に拠らず、総て新近の考案たり。

これはまったく江戸時代の旧数学、和算の体裁である。それでは何が「開化」なのかというと、まず冒頭の「日本諸数名」に続いて「英国諸数名」があり、また、取り上げられている問題が「開化」時代のものなのである。「英国諸数名」というのはいろいろな単位の名称のことで、たとえば貨幣の単位としてファルシング（日本の五厘〇七）、ペンニー（四ファルシング）、シルリング（一二ペンス）、ポンド（二〇シルリング）が挙げられている。

「開化」時代の問題の典型は「寒暖計」の換算問題である。寒暖計についてまず次のように説明がある。

寒暖計に三種あり。華氏と云ひ、摂氏と云ひ、列氏と云ふ。而して華氏は二百十二度を沸騰点とし三十二度を氷点とす。摂氏は百度を沸騰点とし零度を氷点とす。列氏は八十度を沸騰点とし零度を氷点とせり。

そして「列氏寒暖計の十二度は華氏寒暖計の何程か」というような問題が続く。しかしこれらを解く解き方はまったく和算のそれであり、西洋数学の表記などはまったく用いられない。

このような日用算に続いて、平面幾何、立体幾何の問題とその解法が並ぶ。たとえば累円の問題（本章冒頭写真）は和算の問題の典型で、書名を知らされず一八世紀前半の本だといわれれば皆そう思うであろう。

当時の成人の大半は未だ和算世代であり、そろばんを使い点竄術を用いて問題を解いていた。なお、著者の長井は伊勢洞津（現在の三重県津市）の人で、出版は同三重郡四日市南町の伊藤善太郎である。当時、三重県に西洋数学がどの程度浸透していたのか、研究は皆無といってよい。また幕末、明治にかけて、本文は和算、頭書きは洋算というような本もある。明治期の数学書全体を見わたせば、過渡期における西洋数学の受容の共時的、経時的歴史を俯瞰できるであろう。

第二節　『筆算訓蒙』を眺める

『筆算訓蒙』は、沼津兵学校教授の塚本桓甫が一八六九年に刊行した教科書である。沼津兵学校は一八六八年一二月、駿河に移封された徳川家が威信をかけて設立した兵学校で、当初は徳川家兵学校といった。一八六九年八月、藩制改革により沼津兵学校と改称を余儀なくされ、現在では沼津兵学校と呼ばれることが多い。教授陣には頭取・西周助（一八六九年、維新政府の都合で西周と改名）を筆頭に、一等教授として塚本桓甫、伴鉄太郎、赤松大三郎ら当時の秀才が揃えられた。伴、塚本、赤松はいずれも長崎の海軍伝習所出身で、沼津兵学校は技術分野において当時最先端を行く組織であった。ちなみに西周は明六社の同人、「哲学」という訳語を作ったことでつとに有名である。塚本桓甫は沼津兵学校の砲兵科の学科長を務めた後、西を継いで第二代頭取となった。明治政府へ出仕後は一八七二年の改暦などにも関わった。伴鉄太郎は咸臨丸で渡米、後には幕府の軍艦頭となり、オランダ留学もしている。赤松大三郎も伴とともに咸臨丸で渡米、オランダ留学を経験している。

このように、当時の最先端をいく人材を揃えた沼津兵学校は、設立時から心配されていたとおり、政府を刺激した。維新政府は早々にこれら指導者らを政府への出仕という形で切り崩し、沼津兵学校は早くも一八七一年に兵部省の管轄となる。七五年には東京に移転して陸軍兵学寮（後の陸軍士官学校）の一部とされた。徳川家が秀才を集め設立した兵学校は、まことに短命に終わった。[*13]

さて、『筆算訓蒙』の総目録は、

巻一　数目、加減乗除
巻二　分数諸法
巻三　比例諸法
巻四　差分、雑題
巻五　開方、連級、対数用法

となっている。これだけでは特に目新しい感じはない。しかし『筆算訓蒙』は日本の数学教育史においては必ず言及される教科書である。というのも、今日の数学教科書の原型といってもよい

形を備えているからである。実際、その凡例に、

一　毎法先、其理を概論し、必ず一例を挙て是を詳解し、且問題数条を設けて、初学の者をして、其の答をなさしめんと欲す、其答式は別に一巻として、題中稍解しがたきものは、詳に其術を示す、

とある。(一) 説明、(二) 例、(三) 問題、(四) 答という構成は現代の数学の教科書と同じ構造である。巻一の減法で一例を示してみよう。まず (一) 減法の説明は、

減は、俗に引算といふ、多数より寡数を引去りて、其残を求むるなり。其残り数を、差と称す、又較と称す、

と定義にはじまり、続いて具体的な方法が次のように述べられる。

凡そ両数の差を求めんとするに、先多数を上に書し、小数を其下に書し、其各位相対する事、加法の如くなして、其末位より下数を以て上数より引去る、若上数下数より少き時は、其前位の一を借て十となし、本位の数に添て以て、これを引くべし、

これはアラビア数字を用いた洋算の引き算の説明である。次に（二）例が、

今一例を挙げてこれを詳にせん、二十万〇七百三十五より、三万五千四百六十八を、減ずる事左の如し

として、アラビア数字による

$$\begin{array}{r} 200735 \\ -\ \ 35468 \\ \hline 165267 \end{array}$$

が書かれて、その計算法がきわめて詳細に述べられる。この例では一位、十位とも引く数（下数）が引かれる数（上数）よりも大きく、さらに引かれる数（上数）の千位、万位がともに0である。この説明を理解すれば万全になるよう、慎重に数値が選ばれているのがわかる。いろいろな場合を別々に述べることもできるが、簡潔を旨としているわけである。この一例に続いて（三）問題が、

左の数式、各其差如何、

として二〇問続く。これらは例題同様の計算練習である。そしてこの後に応用問題が一五問与えられる。たとえばその第六問は、

第六　欧羅巴の最高山巴朗嶺《バランク》（亜卑山脈《アルプス》）は、一万五千七百三十二尺なり、富士山は一万二千七百七十七尺なり、今両山の差幾何なるや、

である。これはヨーロッパのモンブラン（アルプス山脈）と富士山の高さの差を求める問題である。

本書の応用問題一五問には西洋の事物が多く登場する。一覧すると次のようになる。

第一　日本における出来事間の年数計算
第二　日本における出来事間の年数計算
第三　ヨーロッパにおける年数計算（人名「コロンブス」が現れる）
第四　ヨーロッパにおける年数計算（人名「ピョートル一世」が現れる）

第五　アメリカにおける年数計算（人名「ワシントン」が現れる）
第六　山の高さ計算
第七　ヨーロッパにおける年数計算（人名「ナポレオン」が現れる）
第八　日本の人口計算
第九　地球の緯度計算
第一〇　年数計算（人名「コロンブス」「ヴァスコ・ダ・ガマ」「マゼラン」が現れる）
第一一　地球上の海陸面積計算
第一二　日本における米の収穫量計算
第一三　ヨーロッパにおける年数計算（人名「クロヴィス（初代フランク王）」「エグベルト（イングランド統一）」が現れる）
第一四　イングランドにおける年数計算
第一五　アメリカ合衆国における人口計算

全一五問のうち、日本国内の問題は四問で、残りの一一問は外国の事物に関係する問題である（登場する人物のみ注記した）。このように海外の事物を多く採り上げることについて、塚本は凡例のなかで、凡そ設題の多くは、我度量貨幣を主として、万国歴史地理並びに天文究理等、初学に関渉せるものを載す、これ初学の者をして、旁ら是を習熟せしめて、前途の裨益たらしめんことを補するなり、

と述べている。本書は単なる計算技能だけでなく、読者の目が自然と諸外国へ向くように意図的に構成されているのである。これらの海外の事物に関して塚本は諸本を参考にした。私は浅学にしてその詳細を把握していないが、先に挙げた第六問はアメリカでよく使われていたデイビスの *University Arithmetic* に類似の問題があるという。[*14]

『筆算訓蒙』が明治初期を代表する数学の教科書と目されるのは、本書が現代の教科書に通じる簡潔な構成、詳細な説明をそなえている点と、世界の事物に目を向けているという、二点にあるといえよう。

第三節　日本の伝統数学とは何だったのか

ごく大雑把にいうと、江戸時代の数学は抽象的な計算技能とその応用分野としての平面幾何、立体幾何から成り立っていた。もちろん暦を作るための計算や曲線の長さを求める計算など少数の高度な例外はあったが、江戸時代の数学文化全体の推進力とはなってはいなかった。江戸時代

の人々が「算術」と聞いてまず思い浮かべるのは、そろばんを用いた日用の計算であった。そして次に思い起こすのは平面幾何の図形であった。初等的な計算技能を入り口にして、その背後に幾何の世界が際限なく広がるというのが、江戸時代の人々の数学観であった。江戸時代の数学書で平面幾何の問題をまったく含まないものが少ないのは、そのような社会の認識、理解の反映であった。二五〇年以上にわたってそのような数学文化が継続できたのは、幾何の問題を無尽蔵に生み出すことができたからである。そしてそこに図形の美しさといった美的感覚、複雑な計算の完遂という高揚感が生まれた。これらの感覚が日本の伝統数学を維持させた大きな推進力である。

世界に目を向けた維新後の日本が急速に西洋数学を吸収できたのは、江戸時代にすでに抽象的な計算技能が発達していたことと無関係ではありえない。実をいえば、幕末にはすでに洋学者、蘭学者などによって西洋数学の紹介が始まっていた。一八五七年に刊行された柳川春三の『洋算用法』ではアラビア数字による記法などが詳解されている。しかし柳川は数の読み方をオランダ語のカタカナ表で示していた。神田孝平は『数学教授本』(一八六四年)において、日本の命数をできるだけ生かしながら洋算を詳解した。しかしこれらの努力は、長年にわたって確立、維持されてきた伝統的な数学観をただちに打ちこわし、転換するまでには至らなかった。幾何の問題を解く方法としては、必ずしも西洋数学の記法を導入する必要はなかったからである。変数や等号を書かない日本の伝統数学は我々から見れば不便だが、当時幾何の問題を解いていた者にとってはそれで十分であった。問題とその解法における数式などの表現方法は一体不可分のものと意識され、西洋数学の記法でそれまでの平面幾何、立体幾何の問題を解こうとはならなかった。それこそが江戸時代の数学の伝統であった。

これに対して明治維新以降、数学の応用はいわゆる軍事、工学を始めとする科学技術に変わった。そのために西洋数学を理解する必要が生じた。その際、数の表記や数式をどうするか、選択肢は二つあった。一つはすでにある日本の数学の形式（和算形式）に翻訳する方法、もう一つは西洋の記法をそのまま導入する方法である。それまでの日本の数学形式に翻訳するのは一段階手間がかかるが、一旦翻訳ができればこれを理解できる者は多数いる。一方、直接西洋の記法を利用すれば翻訳する手間が省けるが、これを一から学ばなければならない。日本は後者を選んだ。記法も含め、西洋数学を丸々全部一体のものとして導入したのである。

これは、江戸時代の数学が「民間の数学」であって、政治とは無関係だからできたことである。数学が政治と無関係なのはあたり前だと思うかもしれない[*15]が、必ずしもそうではない。例えば清朝中国では西洋数学は可能な限り中国の伝統的な数学の形式に翻訳された。それは数学が科挙制度の試験科目に組み込まれていたからで、伝統的な数学の形式を放棄して西洋数学の形式を採用することは、科挙制度の根幹を崩すものと考えられた。西洋数学の形式の導入は、単なる表現形式の変更以上の意味を持っていたのである。

明治政府がどの程度、日本の伝統的な数学を理解していたかはわからないが、とにかく教育の段階からすべてを西洋化しようと決断した。新たに西洋数学を学んだ者、余儀なく転向した教師らによって西洋数学は吸収されたが、余裕のある者は依然として日本の数学形式に固執した。本章の冒頭に挙げた写真の長井忠三郎編輯『開化算法通書』（一八八二年）などはその典型である。

明治時代の数学史の研究に関しては、平田寛が武田楠雄『維新と科学』の解説において次のように述べている[*16]。

じっさい、明治維新前後の科学、技術の研究は、科学技術史の中でも最も手強い分野の一つである。この時代を研究する歴史家たちは、ともすれば政治、外交、経済など自由民権に関連ある方面を重視し、文明開化の面、そのうちでも特に科学史や技術史の研究は毛嫌いするか、敬遠しがちである。すでに本書について書評された遠山茂樹さんも一般論として「科学史、技術史の研究は、歴史学の最も立ち遅れた分野である。こういうと叱られるかも知れない。歴史研究者自身の怠慢に他ならないからである。この分野にみずから鍬を入れる労をとらず、あるいはすでにある程度蓄積されている研究成果に学んでいないからである」（『世界』一九六七年四月号）といっている。

平田寛がこう書いてからすでに約半世紀を経た。明治期の科学史、技術史に関する研究書は散見されるが、数学史に関しては現在でもほとんどない。数学教育の立場からの研究、たとえば西洋の数学教科書の移入、日本の著者による教科書、教育課程などの研究は行われているが、数学史の立場からの西洋数学の受容過程の研究は少ないのが現状である。

＊1　小倉金之助『数学史研究』第一輯（岩波書店、一九三五年）二四二ページから引用。

＊2　前掲書二四三ページ。なお管見の限りこの一文を『闢邪小言』に見出すことができなかった。巻貞は「或問」と題されていて、この引用文はたしかにその形式になっていることから、異なる版または写本の類があるのかもしれない。

＊3　明治の数学に関しては、『数学のたのしみ』（日本評論社）に上野健爾の連載記事「日本の数学の流れ」がある。本章で取り上げる菊池大麓、藤沢利喜太郎に関しては「藤沢利喜太郎」（『数学のたのしみ』二〇〇五年夏号）。なお、この連載では他に、園正造、岡潔、林鶴一、吉江琢児、高木貞治が採り上げられている。

＊4　以下、主として小山騰『破天荒〈明治留学生〉列伝　大英帝国に学んだ人々』講談社選書メチエ一六八（一九九九年）、『日本の数学１００年史』（岩波書店、一九八三〜一九八四年）による。

＊5　箕作阮甫（一七九九〜一八六三）は津山藩の藩医であったが、のち藩主にしたがって江戸に出て蘭学を学び、幕府天文方翻訳員となった。一八五四年に下田で行われた日米和親条約締結に参画している。一八五六年、蕃所調所教授となった。多くの著作があり、また多くの学者を育てた。

＊6　前掲書六四ページからの二次引用。原出典は『中学世界』第三巻第一号（一九〇〇年）。

＊7　一六六三年にヘンリー・ルーカスの資金提供によってケンブリッジ大学に置かれた数理系教授職で、ニュートン、ディラック、ホーキングをはじめ著名な学者が多数その職についている。

＊8　最近まで微積分学の定番教科書であった高木貞治『解析概論』（一九三八年）には、「巾ハ冪ノ仮字（和算ノ用例ニヨル）」（一ページ）、Arcsin x の級数展開式について「コノ公式ハ実質上和算家ニ知ラレテイタ。ココデ $x = 1/2$ トスレバ、$\pi/6$ ガ得ラレル」（二一六ページ）と注がある。ベルヌー

ィ数に関しての注記はない。高木は建部賢弘の業績（前者）は知っていたが、関孝和の業績（後者）は知らなかったことになる。高木の学生であった彌永昌吉先生は「高木先生から和算についての話を聞いたことはない」とのことであった。

＊9　Note on the mathematics of the old Japanese school.

＊10　彌永昌吉先生は生前、共立出版で開催されている数学史数学文献を読む会の打ち合わせの折、この藤沢の発言について「生意気ですね」と述べておられた。また真島秀行は藤沢の報告中の "I was told that the theory of determinants and its application to the solution of the system of linear equations were not entirely unknown to the men of the old school（行列式の理論と一次方程式の解法への応用はまったく知られていなかった訳ではないと聞いている）について「藤澤自身は『解伏題之法』を読んだことはないと推察する。誰かに和算には行列式の理論がないといわれたのだろう。和算に行列式の理論があることを知っていたらもっと違った講演になっていたと考える」と述べている（「藤澤利喜太郎の事績の功罪について――生誕150年を記念して」『数理解析研究所講究録』第一七八七巻〔二〇一二年〕一六九～一八二ページ）。

＊11　原文は次の通り。「其の後ち熟熟考ふるに算術は所謂読み書き十露盤として何人も学ばざるべからざる学科なるが故に、算術教授法の良否は其の影響するところ極めて広大なる他の数学諸学科の比にあらず。若し其れ、余が微かに此の方向に致すの結果は本邦算術教授法を改良するの効能あるものならしめば、其の世を益するの大ひなる。亦以て余が素志に背くの罪を償ふて尚余りあるべし。特に本邦にあって、今日は学問上教育上創業の時代なり。焉んぞ知らん、此の際余が此の事に立ち入るは、洵に已むを得ざるの時に遭遇し、避くべからざるの事を為すものにあらざるなきを。會會余の監督の下にある少年子弟が各種の学校に於て算術を修むる実地に就き、其の条目教授法の混沌錯乱せるは、余が嘗て予想せるものよりも尚一層甚しきを目撃し、遂に断然意を決し、学術専攻の余暇を以て算術教授法改良の方法を講究する事を思ひ立ちしは、実に明治二十一年同二十二年の交なりし」

＊12　小山騰前掲書二五〇ページからの二次引用。原出典は菊池大学「名流苦学談」『中学世界』第三巻第一二号。

＊13　山下太郎『明治の文明開化のさきがけ―静岡学問所と沼津兵学校の教授たち―』叢書パイディア七（北樹出版、一九九五年）によれば、設立の少し前のこと、慶応四年に江戸城御金蔵が破られて一一万両が強奪されたが、実はこれは兵学校設立の計画者でもあった陸軍御用重立取扱の阿部潜が江戸城明け渡し直前に隠したもので、駿河移封にともなって伊豆に運ばれ、兵学校設立にも使われたという。

＊14　武田楠雄『維新と科学』岩波新書817（岩波書店、一九七二年）二〇〇〜二〇一ページ。

＊15　デュドネは『人間精神の名誉のために――数学讃歌』（岩波書店、一九八九年）で「数学者が解こうとする問題の由来」は社会環境と無関係であると述べている。

＊16　武田楠雄前掲書二一二ページ。

補章　中国の数学——アジアのなかの日本を考えるために

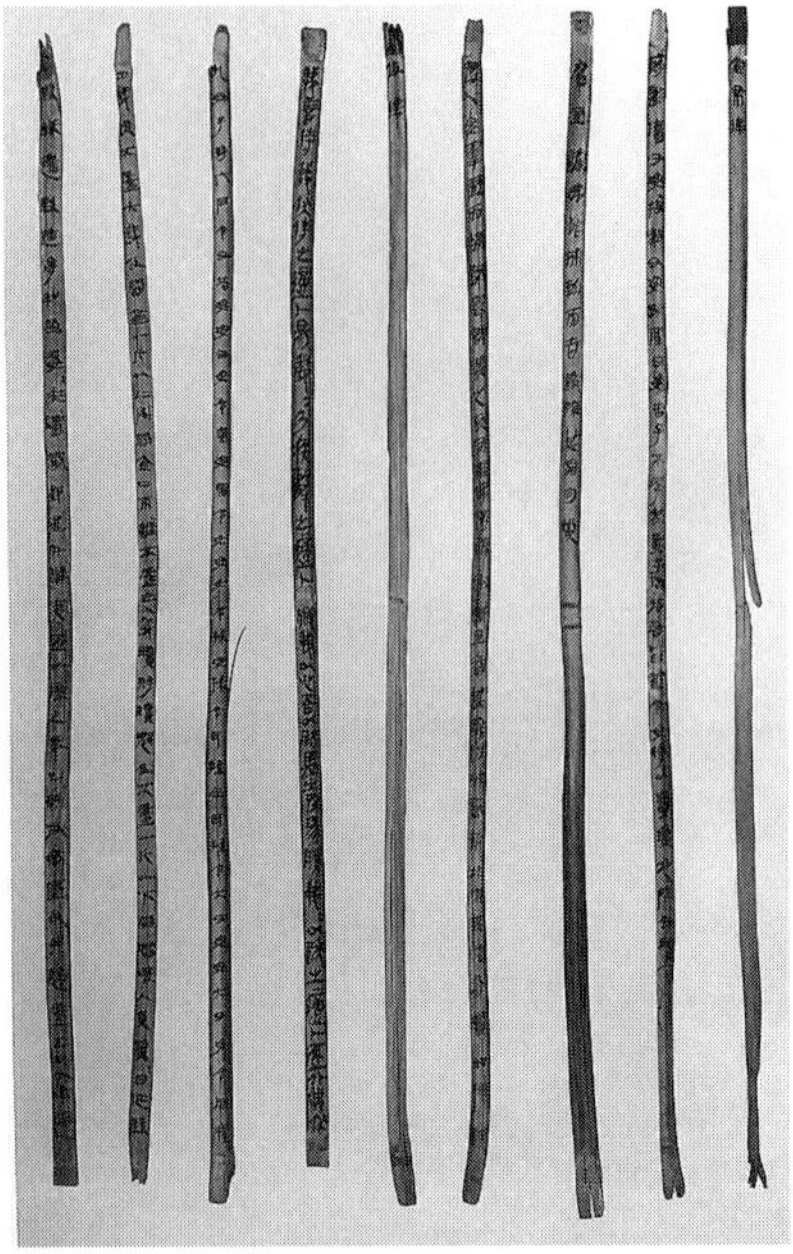

現今中国最古の数学書『算数書』（張家山247号漢墓竹簡整理小組編『張家山漢墓竹簡』（中国・文物出版社、2001年）の扉掲載の写真より 『算数書』は1983年の張家山247号漢墓の発掘に際して、他の書物と共に発見された。長らく公開されていなかったが、2000年に全体が公開された。『算数書』という書名は竹簡にはなく、内容に鑑みて名づけられたものである。埋葬されていたのは秦統治下の楚人で、下級文官として９年間、前漢王朝に仕えていた人物である。亡くなったのが呂后２年（紀元前186年）頃であったことから、この竹簡が編纂されたのはそれ以前ということになる。

日本はアジアの最東端の一角を占め、文字から見ると漢字を用いた文化圏に属する。吉田光由は『塵劫記』をまとめるにあたって、中国からもたらされた明の程大位の『算法統宗』を参考にしたと告白している。本書ではこれまで江戸時代の日本の数学について述べてきたが、日本の数学の歴史は単独に見るのではなく、東アジアの、特に漢字文化圏が擁する、大きな数学の歴史のなかに位置づけるよう、視野を広げるべきであろう。その点でまず注目すべきは、中国の数学である。中国の数学の歴史を知ることは、日本の数学を東アジアのなかで位置付けるため、必須といえる。本章では日本の数学を意識しつつ、中国の数学についていくつか断片的に考えてみたい。[*1]

第一節　古代の数学

中国古代の数学は大まかにいって、暦を作るための数学と、土木、徴税など行政に有用な数学とに分かれていた。前者を代表する最古の数学書が『周髀算経《しゅうひさんけい》』であり、後者を代表する数学書が『九章算術《きゅうしょうさんじゅつ》』である。

暦と『周髀算経』

暦は歴代の天子が人民に与えるものであり、季節あるいは時刻を統べるという点で権威の象徴でもあった。冬至の日時を定めるなど、暦を具体的に定めるには観測の他にいろいろな計算が必要で、そのために数学が必要であった。紀元前一世紀頃まとめられたといわれる『周髀算経』は、前漢の初めに成立した蓋天説（簡単にいえば、天と地は平行で、天は広げられた丸い傘のようであり、地は方形の碁盤のようであると考える宇宙論）を説明した書で、そのなかには細かい計算があり、三平方の定理（ピタゴラスの定理）が使われている。唐の李淳風《りじゅんぷう》は数学の国定教科書を「十部算経」としてまとめた際、『周髀算経』をその第一に挙げている（『周髀算経』という書名を与えたのは李淳風であった）。暦の計算はそれほど重要であった。[*2]

『九章算術』と『算数書』

『九章算術』の著者あるいは編者、編纂年代についてはいろいろな見解があるが、不明な点も多い。著者あるいは編者は不明で、成立した年代はおおよそ紀元前一〇〇年頃から紀元後一〇〇年頃の間、通常は後漢の初年頃とされている。

研究史上、長い間『九章算術』は中国最古の数学書であったが、一九八三年に中国・湖北省の前漢時代の墳墓（張家山M二四七西漢墓）より竹簡が発見され、そのなかに『九章算術』よりも古い時代の数学書が含まれることがわかった（発見されたのは一九八三年であったが、全体が公開されたのは二〇〇〇年）。[*3]この数学書は内容に鑑みて『算数書』と名づけられた（本章冒頭写真）。埋葬されていたのは秦統治下の楚の人で、下級文官として九年間、前漢王朝に仕えていた人物である。亡くなったのが呂后二年（紀元前一八六年）頃であったことから、この竹簡が編纂されたのはそれ以前ということになる。

『九章算術』と『算数書』がどのような関係にあったかについては諸説あり、未だ学界の定説はない。しかし、両者とも下級官吏のための数学書である点は確かであろう。つまり、数学は行政を実際に司る下級官吏にとって必須の知識であった。下級官吏の墳墓から『算数書』が出てきたのも、そのことを示している。前漢の頃にはすでに数学は政治や社会を機能させるために必要な知識となっており、その計算技術は下級官吏の間に共有されていた。

『九章算術』とはどのような書か

東洋の数学にもっとも大きな影響を与えたのは『九章算術』である。[*4]その書名にあるとおり、全部で次の九章から成り立っている。括弧の中には大体の内容を示した。

第一章　方田（田畑の面積の計算、分数の計算、三八題）
第二章　粟米（穀物に関する計算、四六題）
第三章　衰分（比例配分の計算、二〇題）

第四章　少広（平面図形、立体図形に関する計算、二四題）
第五章　商功（立体の体積の計算、二八題）
第六章　均輸（輸送、移動に関する計算他、二八題）
第七章　盈不足（過不足に関する計算、二〇題）
第八章　方程（連立方程式に関する計算、一八題）
第九章　句股（直角三角形に関する計算、二四題）

全部で二四六題ある内の一部分を覗き見ただけでは、どの問題を見るかによって『九章算術』の印象はまったく異なる。数学の歴史を考える場合、史料の全体を眺めなくてはならないのはいうまでもない。そのことを承知のうえで、あえて一題だけ紹介しよう。

九つの章を改めて見ると、現在でも使われている言葉は第八章の「方程」だけである。正確にいうと、今日我々が使うのは「方程式」という言葉で、「方程」という言葉が単独で用いられることはない。『広辞苑』には「方程」があり、『九章算術』の章の名と説明されている。「方程」は「方程式」を連想させる特別な用語なのである。身近に感じられるこの章から、第一問を採り上げてみよう。

いま上等の禾《か》三束と中等の禾二束と下等の禾一束を集めると実は三十九斗であり、上等の禾二束と中等の禾三束と下等の禾一束を集めると実は三十四斗であり、上等の禾一束と中等の禾二束と下等の禾三束を集めると実は二十六斗である。
　上中下の禾の実は一束それぞれいくらか。

見るからに面倒であるが、上中下三等級の穀物があって、

上三束、中二束、下一束からは穀物が三九斗採れ、
上二束、中三束、下一束からは穀物が三四斗採れ、
上一束、中二束、下三束からは穀物が二六斗採れる。
このとき、上中下それぞれ一束から採れる穀物はどのくらいか。

というのである。現代の式で書けば（上、中、下一束から採れる穀物の量を順にx、y、zとして）、

$$3x + 2y + z = 39$$
$$2x + 3y + z = 34$$
$$x + 2y + 3z = 26$$

という連立方程式を解く問題である。

穀物の茎を束ねたものを禾といい、実を粟といい、実の核を米という。粟とは籾《もみ》のことである。『説文解字』には「禾、嘉穀也」とある。現在でも穀類のことを禾穀類という。

この問題を古代中国ではどのようにして解いたのであろうか。実はその計算方法は「掃き出し法」と呼ばれる加減法を体系的にした方法であり、今日、大学の線型代数で学ぶ方法とまったく同じといえる。紀元前後の中国ですでにこのような計算がなされていたことは驚きである。

なお、同じ方法とはいっても実際には筆算ではなく、算籌《さんちゅう》という古代中国における計算道具を用いて計算したと思われる。『漢書』律暦志には、算籌は直径一分、長さ六寸の竹であると記されている。この長さは現在の一三・八センチメートルにあたる。

算籌は江戸時代の日本にも多大な影響を及ぼした。日本では算籌は算木とも呼ばれ、紫檀などを長さ三〜四センチメートルの細長い棒に切り揃えて用いた。中国から伝来した本にある図を参照にして作られたものかもしれない。

さて『九章算術』にはこの算籌を用いて解く操作の手順が書かれている。その詳細は煩雑であるから省略して、ここでは原文を挙げておこう。[*5]

以右行上禾遍乗中行、而以直除。又乗其次、又以直除。復去左行首。然以中行中禾不尽者遍乗左行、而以直除。左方下禾不尽者、上為法、下為実。実即下禾之実。求中禾、以法乗中行下実、而除下禾之実。余、如中禾秉数而一、即中禾之実。求上禾、亦以法乗右行下実、而除下禾之実。中禾之実。余、如上禾秉数而一、即上禾之実。実皆如法、各得一斗。

これだけではどのように解いているのか了解はできないであろうが、このように『九章算術』は記号を用いず、すべてが文章で書かれていた。これは東アジア数学の伝統であり、日本においても長い間この伝統は引き継がれた。ちなみにこの文章が示すとおり算籌を操作すると、

上等一束からは九斗四分斗之一採れ、
中等一束からは四斗四分斗之一採れ、
下等一束からは二斗四分斗之三採れる。

ことがわかる。「四分斗之一」は我々には馴染みがない表現であるが、「四分の一斗」のことである。

ところで、先ほど「方程」という言葉について少し述べたが、ここでもう少し補足しておこう。魏の景元四年（二六三）に『九章算術』に注解を施した劉徽《りゅうき》は、「方程」の「程」は「割り当てる」という意味で、「方程」は「方形に割り当てる」という意味だと注をつけている。すなわち、我々の言葉でいえば連立方程式の係数行列のことである。もっと後代、明の程大位は『算法統

宗』で、「方」は「正す」、「程」は「数」のことだという。これによれば「方程」は「数を正す」あるいは「正しく数える」という意味になる。また、清の梅文鼎は『方程論』において「方」は「比べる」、「程」は「割り当てる」だとする。つまり「方程」は「比べ割り当てる」ということになる。同じく清の聖祖は『数理精蘊』において「方」は「比べる」、「程」は「式」のことだという。つまり「方程」は「比べ式を作る」という意味である。このように「方程」の語義については、種々の解釈が存在している。

『九章算術』の意義

『九章算術』には今述べた問題の他にも多様な問題があり、その処理も高度であった。その目的は実用にあったが、内容は決して低級ではない。たとえば、巻一の方田という章には「九十一分の四十九を約分するといくらになるか」という問題がある。これを解くのに「小さい数を大きい数から引く操作を繰り返し、等数を求め、その等数で分母子を約す」とする。すなわち、九一から四九を引くと四二となるが、四九と四二は等しくない。そこで四九から四二を引くと七となるが、四二と七は等しくない。そこで四二から七を引くと（五回引けて、その結果）七となる。こうして等数が得られたから、この七で分母の九一と分子の四九を約せば、答えとして一三分の七が得られる。この計算はいわゆるユークリッドの互除法と呼ばれる方法である。

『九章算術』はまぎれもなく中国古代を代表する数学書であった。しかし『九章算術』の重要性は、それが古代を代表するというだけではない。時代が下った隋、唐の教育行政を統括する機関であった国子監における教科書群、「算経十書」の一つに挙げられており、さらに宋代以降にも『九章算術』を模した書が著された。いわば、長い中国数学の歴史においてパラダイムを確立した書であり、そればかりか、日本や朝鮮、ベトナムなど、東アジアの数学の模範でもあった。

一六世紀末から一七世紀初頭にかけて、日本は元、明の数学を摂取したが、その結果確立された日本の数学の表現方法は『九章算術』のそれと同じである。江戸時代の数学書の典型的な書き方は、

（一）問題を提示し、
（二）答を示し、
（三）計算方法を述べる、

というもので、このスタイルは『九章算術』となんら変わらない。

江戸時代の日本の数学では、課題が解法によって整理されることは一般になく、問題の見た目で分類されるのが普通であった。数学の問題は見た目が類似していても、解法が著しく異なり、難易が異なる場合はよくあることである。問題の見た目で分類する江戸時代の数学書では、最初にいきなり難問があることもごく普通であった。易しいものから次第に難しいものへ例題を配置

するというようなことはなかったのである。著者もそれが当然と考えていた。このような、数学は問題によって分類されるべきだという数学思想も、実は『九章算術』にすでに見られるものである。

中国において数学は大いに発展し、元代には西方の知識も伝わり、また宣教師達によって西洋の数学ももたらされた。しかしその発展の根底には常に『九章算術』があり続けた。中国の数学の歴史は、江戸時代の日本の数学の歴史を一段高い見地から眺めるためには絶好の課題であり、また必須でもある。

ところで、江戸時代の人々が『九章算術』そのものを見ることができたかはわからない。現在のところ、日本では『九章算術』が見つかっていないからである。九世紀終わりごろの寛平年間（八八九〜八九八）に、藤原佐世《すけよ》の勅命によって作られた『日本国見在書目』の「暦数家」には『周髀算経』『九章算術』などの「十部算経」の他に、朝鮮を経て伝来した数学書、さらには中国、朝鮮で亡失した数学書なども記載されている。遡って『養老令』（七一八年）とその注釈書である『令義解』（八三三年）によれば、日本は唐の国子監の制度を導入しており、そのときに隋、唐の数学書が日本に伝来したと考えられている。『九章算術』もそのなかの一冊だった可能性はある。江戸時代に早くも見ることはできなくなっていた『九章算術』は現在も発見されていないが、古い書籍をもつ寺院などに仏書にまぎれて中国の『九章算術』が残っている可能性はある。もし『九章算術』が発見されれば、日本数学史研究における最大の発見となる。

第二節　宋、元の数学

日本に数値係数の方程式を作る方法——天元術——をもたらした中国の数学書『算学啓蒙』は一二九九年に元の朱世傑が撰したものであった。元はモンゴルが建てた国である。一二三四年、モンゴルは華北の金を滅ぼし、ついで一二七九年、金によって南に圧迫されていた南宋をも滅ぼして中国を統一した。その後一三六八年に明に滅ぼされるまでの九〇年ほどが元である。

元に先立つ宋代において、土木、水利工事、建築などの発展と共に多くの数学的課題が提出され、中国数学は一つの頂点をきわめたといってよい。羅針盤、印刷術、機械時計、天文儀器などの発明の他、医学、薬学、地学なども隆盛し、学問全体が大いに発展した時代でもあった。それに続く元代は、天元術、方程式、級数論などの他、暦学が著しく発展した。

李冶の『測円海鏡』

日本の数学の契機となった天元術は、金末から元初にかけて華北において誕生したと考えられている。初期に天元術に関わった人々の名前が朱世傑の『算学啓蒙』などに見られるが、詳細はわからない。天元術が述べられた現存する最古の数学書は、李冶《りや》による『測円海鏡《そくえんかいきょう》』（一二四八年）である。李冶は金に生まれ、金に出仕したが、モンゴルによる占領以降は華北を放浪し、元の学士にもついた後、隠遁生活を送った。当代きっての文化人であった。

第二章でも触れたが、「天元術」という名称は、解法の初めに「天元の一を立てる」と称して、算盤上に、

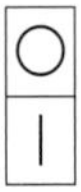

と算木を置くことに由来する。これは未知数をxとすると、$0+1x$という状態を表す。この一を置いた位置を「元《げん》」と呼ぶ。この位置はちょうど未知数の一次の係数にあたるので、「元とは未知数のことである」といっても、そう的外れな訳ではない。語彙としては、「天元術」の「天」は「天地人」の天であり、「元」は「初め」を意味する。いずれも易に関係した言葉である。現在でも二元連立方程式とか三元連立方程式というように未知数を表すのに元を用いているが、その始まりは天元術まで遡るのである。

元のうえの定数を表す位置を「太」といったが、当初は太と元の位置関係は定まっていなかった。李冶の著作においても、『測円海鏡』では今示した通りだが、『益古演段』（一二五九年）では上下が逆になっている。

朱世傑の『算学啓蒙』

李冶の『測円海鏡』は非常に特殊な問題を扱ったものである。多数の問題が解かれているが、すべてが類題であって、円城（円形の城）と、円城に接して直角三角形をなす道に関する問題ばかりである。その意味では一般的とはいいがたい。これに対して朱世傑が撰した『算学啓蒙』ははるかに一般的な数学書であった。

朱世傑は李冶に遅れて華北に生まれたが、放浪の末、揚子江河口の揚州に落ち着き、数学を教授して生活した。揚州は塩の専売で財を蓄えた地域で、手工業や商業が発達して豪商が存在し、数学の知識が必要とされる環境にあった。数学の教授という職が成り立ったのも、そのような背景があったからである。華北に比べて南宋は商業数学が栄えた地域である。

『算学啓蒙』は、そのような社会的背景のうちにまとめられたものである。冒頭の総括には割算の九九や、度量衡の換算、あるいは正負数を含む計算についての要約がある。たとえば、正数同士、負数同士を乗ずれば正数となり、異符号の数を乗ずれば負数となる、といったような指摘は本書が中国でもっとも古いものである。天元術に関する記述は最後の開方釈鎖門に含まれている。全体に対する割合としてはむしろ少ないのだが、それは社会のニーズを反映しているのであろう。しかし個々の問題は塩の値段や胡椒などの香辛料、人参などの薬といった、当時揚州で売買されていた商品を扱っている。また貿易港であることを反映して貨幣に関する問題などもある。これら商業に直接関係するような問題が、南宋地域の数学の特徴でもある。

朱世傑の『四元玉鑑』

朱世傑にはまた『四元玉鑑《しげんぎょくかん》』（一三〇三年）という著作もあり、こちらは文字通り四元、すなわち四個までの未知数を含む連立方程式を解く方法が述べられている。四元術は四元の単項式を平面上に配置して解く方法であり、『四元玉鑑』の内容は『算学啓蒙』に比べてはるかに高度であった。多元の連立方程式の解法は、朱世傑に先立って二元、三元と拡張がなされてきたが、彼に至って一つの頂点をきわめることとなった。しかし、彼の方法を一般化することは困難であり、頂点であると同時に限界でもあった。

また本書には立法数の和を求める計算もある。

一回目に三の三乗（九）人の兵士を募集し、二回目に四の三乗（六四）人の兵士を募集し、というように順次、数を増やし、一五回目に一七の三乗（四九一三）人の兵士を募集する時の総人数を求める。

といったような問題であるが、これを求めるのには、朱世傑は毎回の累計人数の列、

27, 91, 216, 412, 775

の階差を繰り返し求め（第四階差が6となって等しくなる）、一般式として求めている。この結果は補間公式に該当するものである。元代は、このような級数の和を求める垜術《だじゅつ》と呼ばれる計算が発展した時代でもあった。

開方術

開方術というのは、天元術によって作られた（算木で表された）方程式の数値解を求める方法のことである。厳密にいえば、天元術と開方術は別の目的のための名称であるが、日本ではこれを総称して天元術と呼ぶこともあった。

開方術は組み立て除法を繰り返し用いて変数を変換してゆく方法である。中国においても日本においても、この開方術は最終的に数値解を得るための唯一の技法であった。しかしその原理を説明した書物はない。そのため、どのようにしてこの方法が編み出されたのか、不明である。原理の説明がない状況で、中国や江戸時代の人がどうやってこの開方術を理解したのかといえば、それは、あらかじめ解のわかっている簡単な場合に適用し、正しい解が得られることを確認し、順次複雑な場合へと進み、いわば帰納的にこの方法の正しさを確信、納得していた。あるいは得られた商を実際に代入して解であることを確認して、開方術の正しさを確信、納得したのかもしれない。当時の人々は証明を知らなかったが、納得はしていたに違いない。

現代でも、生徒に数学を教えるときに、「こうなります」といえば大半の生徒は「先生がそういうのだから」と納得し、「なぜですか」と追求してくることは稀である。理解することと納得することは確かに別個のことで、納得できるのであれば、それはそれでよい。江戸時代の人々にとって開方術は、理解を超えた原理に基づいてはいるが、得られる結果が正しいことは確信できる技法であった。

一般に二次方程式には二つの解がある。同様に三次方程式には一般に三つの解がある。しかし、開方術では一つの数値解が得られるだけである。手順はいつも同じであるが、最初の解の予測値が異なると、いろいろの解が得られる。このことに、江戸時代の人々は早くから気づいていた。関孝和は『開方翻変之法《かいほうほんぺんのほう》』などで方程式の複数の解について論じている。これはまさに方程式論といってもよい著作である。方程式は、たとえば平面幾何の問題を解くためもので、方程式そのものを研究対象とした著作は当時なかった。方程式——算木が配置された状態——それ自身が研究対象になり得ることを最初に示したのが関孝和であった。この点において、関孝和は確かに時代をはるかに超えていた。しかし、開方術の原理については説明を加えていない。

第三節　清朝中国と明治期日本との交流

中国も日本も西洋数学を受容したが、その過程は単純ではない。両者は互いに影響を与えながら西洋化した。ここでは中国上海交通大学の薩日娜《さりな》氏の研究にもとづいて清朝中国と明治期日本との交流について考えてみたい。[*6]

中国における宣教師と西洋数学

西洋数学の中国への伝来は意外と早く、一六〇七年にはすでにユークリッド(エウクレイデス)の『原論(Elementa)』が翻訳され、『幾何原本』として出版されていた。これは中国に宣教に来ていたイエズス会師のマテオ・リッチと徐光啓《じょこうけい》(一五六二〜一六三三)との共訳である。マテオ・リッチはまた李之藻《りしそう》とともにクラヴィウス(一五三八〜一六一二)の『実用算術概論(*Epitome Arithmeticae Procticae*)』を編訳し、一六一三年に『同文算指』を刊行している。当時、中国に布教に来た宣教師は、ヨーロッパやインド・中国を往復する商人を介して、中国人の好みに応じた布教に有効な文物を受け取っていた。マテオ・リッチもそうした一人で、宣教の道具の一つとして西洋の数学書を受け取り、それを中国に紹介したのである。クラヴィウスはローマ学院の数学教授で、マテオ・リッチはその学生であった。上に述べたユークリッドの原論もクラヴィウスの編纂によるものであった。マテオ・リッチは自らの数学の能力を生かし、西洋数学に関心をもつ徐光啓や李之藻とともに編訳をしたのである。

清朝における西洋数学受容

清朝(一六一六〜一九一一)になるとまず康熙帝の時代に『数理精蘊』(一七二三年)、『暦象考《れきしょうこう》成《せい》』（一七二三年）が編纂され、西洋の数学が中国に紹介された。これらに触発されて梅文鼎などは西洋数学を学んだ。とはいえ彼らが読んだのは中国語に翻訳されたものであって、ヨーロッパの数学書そのものではなかった。そのため彼らの研究は、独創的な側面とともに中国伝統の数学の側面も持つ、いわば折衷的なものであった。この康熙帝の時代は西洋数学が積極的に吸収された時代であったが、その後は閉鎖的になり、西洋数学の紹介は停滞した。

その後、一九世紀に再び西洋数学の紹介が活気を帯びた。その第一は、イギリスから来た宣教師メドハースト（麦都思、一七九六〜一八五七）らが上海に開設した書籍出版社、墨海書店である。中国に来る以前、メドハーストはバタヴィアで日本から追放されたシーボルトとも出会っており、日本にも関心があったが、来日はしなかった。墨海書店には宣教師とともに中国知識人がおり、協働して西洋の宗教の他に、政治、数学などの科学書が中国語に翻訳された。数学書に関していえば、ワイリー（偉烈亜力、一八一五〜一八八七）と李善蘭《りぜんらん》（一八一〇〜一八八二）による翻訳が主要なものであった。

他の宣教師同様、ワイリーの最終的な目標も布教であったのには違いないが、その仕事ぶりは布教という直截的な目標を超えていたようにも見える。ワイリーは『数学啓蒙』などの数学書や、当時不十分だったユークリッドの『原論』の翻訳を完成させただけでなく、中国の古代文献を一覧した『中国文献解題』を著し、少数民族に関する研究も行った。これらはいずれも西洋に中国を紹介する目的で書かれたものであった。

一方、李善蘭は浙江省海寧出身の数学者で、子供の頃に『九章算術』を、その後『幾何原本』『測円海鏡』などを学び、『方円闡幽《ほうえんせんゆう》』（一八四五年）などを書いた。その後上海でワイリーと出会い、種々の数学書を翻訳した。李善蘭は、中国が西洋各国によって危機に面しているのを見て、その原因は西洋が器具製造に詳しく、さらにそのもとを辿れば数学に詳しいからであると考えた。そこで中国も数学を学び、科学技術を発展させる必要があると感じたのである。こうしてワイリーと李善蘭とは微妙に異なる動機を持ちながら、多くの西洋の科学技術書を翻訳した。今、墨海書館から刊行されたものには次のようなものがある（これらはすべて一八六六年の刊行である）。

『重学』（一八六六年、「重学」とは力学のこと）
『幾何原本』（一八六六年、全一五巻）
『代数学』（一八六六年、中国最初の記号代数学の翻訳書）
『代微積拾級』（一八六六年、中国最初の微積分学の翻訳書）

これに先立ち、一八六一年には大砲や軍艦を製造する安慶軍機械所が設立され、六五年には江南製造局が発足した。機械を作るには西洋科学技術書の解読が必須であり、そのために江南製造局には訳書館が置かれた。ここにはワイリーや李善蘭の他に、ジョン・フライヤーなどの宣教師、李善蘭の学生だった華衡芳《かこうほう》などがいた。著作においては李善蘭の方が豊富な内容を持ち、高度であったが、翻訳においては華蘅芳の方が広範に高度な原書を選んでおり、華の翻訳書は一二種、一七一巻にも上る。江南製造局訳書館設立以降、一二年間に翻訳刊行された科学技術書は全体で九八種、二三五巻であった。清がいかに貪欲に西洋の科学技術を吸収しようとしていたかがわかる。それほど、西洋に対して強い危機感を持っていたのである。

漢訳西洋書と日本

日本の数学は明治時代を迎えるまで西洋数学の影響をほとんど受けなかったが、西洋数学をまったく知らなかったわけではない。たとえばマテオ・リッチらによって中国語訳された『幾何原本』は一七二〇年以前に日本に舶載していた。それは万尾時春《まおときはる》（一六八三～一七五六）の『規矩分等集』（一七二二年）に寄せた細井廣澤《こうたく》（一六五八～一七三五）による序文に「最近、偶然幾何原本を見る機会を得た」とあることからわかる。

万尾時春は丹波篠山藩士で測量家、細井廣澤も測量家で渋川春海の孫弟子である。細井には『測量秘言』（一七二七年）などの著作がある。一七世紀後半から一八世紀前半にかけては測量術が精力的に研究され、多くの著作が著された時期であった。測量家はオランダ書や中国書（漢籍）を通じて西洋の測量術を知ったが、そこに西洋の数学書が含まれていた。細井は遠江掛川に生まれ、むしろ儒学者、書家として有名である。家塾を開いた後、一六九三年に柳沢吉保《よしやす》の儒臣となった。書家としては中国、呉中の四才子の一人、文徴明《ぶんちょうめい》の書法を学び、日本において唐様書道を確立した。

清末の教育改革

中国において漢訳された西洋数学書は日本に伝わり、日本はそれらを通して西洋の数学を知った。この点は中国の方が早い時期に西洋数学を受容したといえる。しかし、じきに日本は西洋数学を直接それぞれの国の言語で学ぶようになり、数学の水準は中国を超えるようになった。一方、中国では日清戦争の敗戦（一八九五年）以降、そのことに危機感を持つ者が現れた。その第一の人物は康有為《こうゆうい》（一八五八〜一九二七）である。康は都を南遷して日本に対する抗戦を主張する一方で、科挙制度など国益に資さない制度の改革を主張した。康は諸国の制度に関心を寄せるなかで、日本の明治維新についても検討し、『日本明治変政考』を光緒帝に献呈した。その序文には次のようにある。[*7]

近い国では、ロシアは元来小国だったが、ピョートル大帝の時代になってから発奮して変法し、北半球を制覇するに至った。ドイツは特別に大きな国というわけではないが、小国プロシアから始まってオーストリア、ロシア、フランスに勝利して強大な国になった。ウィルヘルム一世がよくビスマルクを登用して国を治め、今では全ヨーロッパを制覇している。……（中略）……日本の領域は、わが四川一省ほどしかなく、人民もわが国の十分の一にすぎない。しかるに猛然と変法し、ついにわが大国の軍隊を撃滅して、台湾を割き、二億両の賠償金を奪った。

そして日本の教育制度を学費に至るまで詳細に検討し、教育制度の改革を主張した。その結果、一八九八年に一旦は改革（戊戌の変法）が始まったが、同年、西太后、袁世凱らによるクーデター（戊戌《ぼじゅつ》の政変）によって頓挫した。その結果、光緒帝は頤和園《いわえん》の玉蘭堂に幽閉され、改革派の家臣らは粛清された。改革派の主要な人物のうち、譚嗣同《たんしどう》（一八六五～一八九八）は処刑され、康有為や梁啓超《りょうけいちょう》（一八七三～一九二九）らは日本へ亡命した。しかし、欧米列強の圧力の下で、保守派も変革を強いられ、康有為らの明治日本の制度を模範とする教育改革案は引き継がれることになる。その過程で日本の状況を視察する必要にせまられ、羅振玉《らしんぎょく》（一八六六～一九四〇）、姚《よう》錫光《しゃくこう》（一八五六～？）らを視察のために日本に派遣した。彼らは官費による出張であったが、日本への関心が高まり、私費で日本を訪れる者も増えた。そのなかで周達《しゅうたつ》（一八七八～一九四九）は中国で初めて横書き、数式記号の導入を主張した人物である。彼はその著『知新算者課芸初集』（一九〇三年）において次のように述べている。[*8]

> 西洋の文章は横書きであり、式も皆横に並べている。中国の文章は縦書きなのに、数学の式を横書きにすると、多くの紙面を占める。……（中略）……日本は西洋の数学書を翻訳する

とき、数式を改めない。だが我が国では数式まで改める。［数式は］各国で同じにすべきで、一つの国が［他の国と］異なるのは最も不便である。

なお、周達は中国における最初の数学会の設立者である。

こうした日本への視察事業は、次に日本への留学生の派遣事業へと推移した。一八九六年に一三名の留学生を官費で派遣したのを皮切りに、最盛期の一九〇五年から一九〇六年にかけては八〇〇〇名を超える留学生が来日した。日本への留学ブームが発生したのである。それに対応して、日本においても成城学校、東京大同学校、第一高等学校など多くの学校が留学生への教育のための機関、課程を設置した。彼らが受けた主要な教育分野は教員養成関係、官吏養成関係、警察、軍事関係であったが、その基礎科目として教えられたのが日本語、英語、そして数学であった。

一八八五年創立の成城学校（当初の名称は文武講習館、現在の成城高等学校〔東京都新宿区〕の前身）は一八九八年に留学生部を開設し、中国人留学生を教育した。ここで教育にあたったなかに岡本則録《のりぶみ》（一八四七〜一九三一）がいた。岡本は最初和算家の長谷川弘に数学を学び、維新後は西洋数学を学んだ。岡本は日本数学会、日本物理学会の前身である東京数学会社の会長を務める一方、一八八〇年に数学用語の統一をはかるために設立された訳語会の主要なメンバーであった。

留学生は、

長沢亀之助『中等教育算術教科書』（一八九七年、文部省検定済）
樺正董《かばせいとう》『代数学教科書』（一九〇三年、文部省検定済）
長沢亀之助『幾何学教科書』（一八九六年、文部省検定済）
菊池大麓・沢田吾一編纂『初等平面三角法教科書』（一八九三年、文部省検定済）
三守守『初等平面三角法』（一九〇四年、文部省検定済）

などを学んだ。これらは日本の小、中学校で用いられていた教科書である。これらの教科書は後に中国にも伝えられて、一九〇五年から一九〇九年にかけて中国語に翻訳された。実は清代に中国語に翻訳された日本の数学書は一四五種以上もある。特に一九〇四年から一九〇八年にかけては九七種にのぼる数学書が翻訳された。いかに中国が積極的に日本を通して、西洋数学を吸収しようとしていたのかがわかる。ちなみに日本の数学書の翻訳を通じて、日本で創出された数学用語のいくつかはそのまま中国においても採用された。成城学校で学んだ留学生の多くは軍人になることを目標としており、卒業後は第一高等学校、早稲田大学清国留学生部、さらには東京帝国大学あるいは京都帝国大学などへの進学を望んでいた。

日本への留学を終えて中国へ帰国した者のその後に関して、多くは不明である。全体として清代の数学教育の水準向上に益するものがあったことは確かであろうが、薩日娜氏の研究でも多くはわからないとのことである。中国における研究が進むことを期待したい。

＊1　以下、銭宝琮編・川原秀城訳『中国数学史』（みすず書房、一九九〇年）、李迪著・大竹茂雄・陸人瑞訳『中国の数学通史』（森北出版社、二〇〇二年）、藪内清『中国の数学』（岩波新書九〇六、一九七四年）などによる。中国国内では『李厳銭宝琮科学史全集』（全一〇巻、遼寧教育出版、一九九八年）など、枚挙にいとまがない。

＊2　本書では暦学についてはほとんど触れなかったが、その概要については中村士『東洋天文学史』（丸善出版、二〇一四年）に簡潔な説明がある。古代オリエントから日本までを含む文字通り東洋の天文学の歴史を述べている。

＊3　張家山二四七号漢墓竹簡整理小組編『張家山漢墓竹簡』（中国・文物出版社、二〇〇一年）。

＊4　藪内清責任編集『中国の科学』中公バックス世界の名著一二（中央公論社、一九七九年）に翻訳がある。中国においては繰り返し研究書が刊行されている。フランスにおいても Karine Chemla et Guo Shuchun（郭書春）*LES NEUF CHAPITRES*, Dunod, 2004 が刊行されている。本書は一一一七ページにわたる大著である。海外において日本の数学に関する研究書が少ないのは、三上義夫を除いて日本人が論文を英語などで書いてこなかったためであろう。

＊5　前掲『中国の科学』一四九ページ以下に翻訳がある。

＊6　薩日娜『日中数学界の近代　西洋数学移入の様相』（臨川書店、二〇一六年）。薩日娜氏はモンゴル族である。モンゴルでは通常名前しか使われず、薩日娜もこれで名前である。しかし、どれが姓でどれが名か、しばしば質問を受けるので、最近では Rina Sa と薩を姓、日娜を名としているとのことである。

＊7　前掲書二五〇ページ。

＊8　前掲書二八八ページ。ただし一部文言を替えた。［　］内は薩日娜氏による挿入。

あとがき

本書の執筆に際しては、特に新たな問題の提示ということを意識した。そのため、おおむね時代の流れに沿いながら、それぞれの章は比較的独立している。ここでは各章に関して私が執筆しながら意識した将来の課題を、一例にすぎないが一覧しておきたい。どの課題もそれだけで大きな研究になるように思う。

第一章　『塵劫記』の系統図の作製

全系統を作ることは難しいであろうが、江戸中期以降あるいは江戸後期に限ればある程度は可能かもしれない。系統図は近世日本の書物文化の一翼を明らかにできる点で意義が高い。

第二章　関孝和と同時代の数学者との関係研究
関は先行する書物や中国から舶載した書物を学んだ。同時代の数学者との交流はあったのであろうか。また、その数学にはどのような関係があるのであろうか。これは関自身の数学の本質を明らかにする点でも重要である。

第三章　数学の流派の実態研究
本書で採り上げた至誠賛化流に関してもまだ研究は十分になされていない。江戸時代を通じて最大といわれる関流の組織についてもあまり知見はない。これらの研究は広く江戸の数理文化という点から興味深い。

第四章　建部賢弘の人物史
建部賢弘の数学についてはおおむね解読されている。また、公式な記録からの印象では建部は秀才肌の人物だったようだ。しかし新たな資料の発見によってさらに具体的な人物像が浮かび上がることを期待している。

第五章　各数学者の著作の現代語訳
近世日本の数学書を正確に読むのは難しいことである。テキストの確定などの問題に加えて、各数学者についてその著作全部の現代語訳集があれば、研究の進展に資すること間違いない。

第六章　現代の視点から見た江戸時代の教科書批判

現代社会とは異なる近世社会という環境で、数学の教科書はどのような意義、特徴を持っていたのであろうか。近世の数学教科書研究は現行の数学教科書について考える契機となろう。

第七章　各数学者の著作の現代語訳

第五章に関する課題と同様だが、数学文化として最高潮に達した時期の数学者の数学上のアイデアの研究に関しては未だ不十分なように感じる。研究を通して西洋数学の影響などが明らかになるかもしれない。

第八章　地域史としての算額奉納の研究

個々の算額については豊富な研究の蓄積がある。しかし複数の算額間の関係についてはほとんどない。地域資料の新発見によって算額奉納の実態が明らかになれば、近世日本の数理文化の豊かさが一層明らかになる。

第九章　明治期における西洋数学移入の歴史

西洋数学の導入の過程は思っている以上に複雑である。教育学史からの研究はあるが、数学史としての研究が進めば、明治時代の数理文化の本質に新たな光を当てることになる。

補　章　宣教師による西洋数学の紹介の可能性

宣教師は近世日本の数学にどの程度の影響を与えたのであろうか。国内の資料だけでなく、宣教師が本国に当てた手紙や中国との交流関係なども視野に入れれば、新たな成果が得られるかもしれない。

原稿を読んで詳細な助言を与えてくださった四日市大学関孝和数学研究所副所長の森本光生氏、四日市市における算額に関する地域の情報をご教示いただいた元川越高等学校の稲垣勝義氏に特に感謝したい。また、索引作成にあたっては四日市大学の片山清和氏にお世話になった。編集部の高橋真理子氏にも心から感謝したい。高橋氏の長年にわたる思いもかけぬほどの忍耐、努力がなければ本書が脱稿に至らなかったことは確かである。

二〇二〇年一一月

著　者

追記。本書の最後の校正を終えたその日に、恩師佐々木力先生が亡くなられたことを知りました。先生の学恩に感謝して本書を捧げたいと思います。（二〇二〇年一二月一二日）

【ま・や・ら行】

【欧文書籍】

【た行】

【な・は行】

【さ行】

書名索引

【な行】

【は行】

【ま行】

【さ行】

【た行】

人名索引

小川　束

四日市大学環境情報学部教授・同大学関孝和数学研究所副所長。1954年生まれ。学習院大学大学院自然科学研究科（数学）博士後期課程中退。1988年、四日市大学講師、97年より現職。博士（学術）。専門は数学史。主な著書に『関孝和論序説』（共著、岩波書店、2008）、『建部賢弘の数学』（共著、共立出版、2008）、『講座 数学の考え方〈24〉数学の歴史――和算と西欧数学の発展』（共著、朝倉書店、2003）など。

和算《わさん》――江戸《えど》の数学文化《すうがくぶんか》

〈中公選書 114〉

著　者　小川《おがわ》　束《つかね》

2021年１月10日　初版発行

発行者　松田陽三

発行所　中央公論新社

〒100-8152　東京都千代田区大手町1-7-1
電話　03-5299-1730（販売）
　　　03-5299-1740（編集）
URL http://www.chuko.co.jp/

DTP　市川真樹子
地図作成　関根美有
印刷・製本　大日本印刷

Published by CHUOKORON-SHINSHA, INC.
Printed in Japan　ISBN978-4-12-110114-3 C1341
定価はカバーに表示してあります。

中公選書　新装刊

102
建国神話の社会史
——史実と虚偽の境界
古川隆久著

天照大神の孫が地上に降りて日本を統治し始めた——。『古事記』『日本書紀』の記述が「歴史的事実」とされた時、普通の人々は科学や民主主義との矛盾をどう乗り越えようとしたのか。

106
神道の中世
——伊勢神宮・吉田神道・中世日本紀
伊藤　聡著

神道は神仏習合や密教、禅や老荘思想など、さまざまな信仰や文化を取り込んで自らを形作ってきた。豊穣な中世文化を担った、知られざる神道の姿を最新の研究から描き出す。

108
漢字の構造
——古代中国の社会と文化
落合淳思著

漢字の成り立ちと字形の変化の歴史には、古代中国の生活や風習、祭祀儀礼や社会制度などが反映されている。社会と文化の記憶を解き明かす、新しい方法論に基づいた字源研究の成果。

112
非国民な女たち
——戦時下のパーマとモンペ
飯田未希著

「石を投げられてもパーマをかけたい」。戦時期に非難の的となりながらパーマが大流行したのはなぜか。統制と流行と近代化の狭間で大きな社会問題となった女性たちの「お洒落」とは。